掌中書
017

# 成功智慧金句
# 175位行銷經理人

戴國良——編著

五南圖書出版公司 印行

# 學識新知・與眾共享

## ——單手可握，處處可讀

「真正高明的人，就是能夠藉助別人智慧，來使自己不受蒙蔽。」蘇格拉底如是說。二千多年後培根更從積極面，點出「知識就是力量」。擁有知識，掌握世界，海闊天空！

**可是**：浩繁的長篇宏論，時間碎零，終不能卒讀。

**或是**：焠出的鏗鏘句句，字少不成書，只好窖藏。

**於是**：古有「巾箱本」，近有「袖珍書」。「巾箱」早成古代遺物；時下崇尚短露，已無「袖」可藏「珍」。

面對：微型資訊的浪潮中，唯獨「指掌」可用。一書在手，處處可讀。這就是「掌中書」的催生劑。極簡閱讀，走著瞧！

輯入：盡是學者專家的真知灼見，時代的新知，兼及生活的智慧。

希望：為知識分子、愛智大眾提供具有研閱價值的精心之作。在業餘飯後，舟車之間，感悟專家的智慧，享受閱讀的愉悅，提升自己的文化素養。

五南：願你在悠雅閒適中⋯⋯

### 慢慢讀，細細想

# 「掌中書系列」出版例言

一 本系列之出版，旨在為廣大的知識分子、愛智大眾，提供知識類的小品，滿足所有的求知慾，使生活更加便利充實，並提升個人的一般素養。

二 本系列含括知識的各個層面，生活的方方面面。生活的、人文的、社科的、藝術的，以至於科普的、實務的，只要能傳揚知識、增廣見聞，足以提升生活品味、個人素養的，均輯列其中。

三 本系列各書內容著重知識性、實務性，兼及泛眾性、可讀性；避免過於深奧，以適合一般知識分子閱讀的為主。至於純學術性的、研究性的讀本，則不在本系列之內。自著或翻譯均宜。

四 本系列各書內容，力求言簡意賅、凝鍊有力。十萬字不再多，五萬字不嫌少。

五 為求閱讀方便，本系列採單手可握的小開本。在快速生活節奏中，提供一份「單手可握，處處可讀」的袖珍版、口袋書。

六 本系列園地公開，人人可耕耘，歡迎知識菁英參與，提供智慧結晶，與眾共享。

叢書主編

二〇二三年一月一日

# 作者序言

## 一、獨特的一本行銷書

　　過去十多年來，我寫了企管類及行銷類的商業書籍及大學教科書，合計40多本，居全國之冠。但這40多本書，大都是以我自己過去在企業實務界工作十多年來的實際工作經驗及在大學學術研究心得結合而成的。

　　今天這本書卻不一樣，它是我近五年來搜集自商管及行銷書報雜誌及專書，彙總來自國內外175位行銷經理、行銷總監、品牌經理、產品經理、營運長及總經理等各知名企業實戰人士的行銷成功智慧與金句而形成本書。這樣搜集廣泛的實戰知識，更能全方位性、客觀的、360度的學習這175位行銷經理人的實戰智慧與累積經驗。

　　這真是我十多年寫作生涯中，最獨特與最難得的一本書。因為它不僅是「我的知識」，更是

「175位眾人的知識」，值得學習且閱讀。

## 二、本書特色

本書集結了國內外175位行銷經理人的智慧而成，涵蓋知名中大型企業行銷經理人的全方位行銷知識，非常難能可貴，這些知名企業包括：

| | |
|---|---|
| 統一企業 | 統一超商 |
| 台灣花王 | 台灣優衣庫 |
| 日本7-11 | 日本大金冷氣 |
| 恆隆行（Dyson） | 樂事洋芋片 |
| 日本象印家電 | 台灣Panasonic |
| 台灣P&G | NET服飾 |
| SEIKO精工錶 | 台灣麥當勞 |
| 台灣Sony | OPPO手機 |
| 櫻花 | 耐斯566 |
| 老協珍 | 花仙子 |
| 王品 | 華歌爾 |
| 台灣可口可樂 | 中華電信……等。 |

## 三、結語

　　本書能夠完成，感謝五南出版社的長官及編輯們，也感謝廣大的年輕上班族讀者們的鼓勵及需求，使得作者我本人能夠長期保有高昂的鬥志與堅定意志，辛苦的完成本書的分析、整理、歸納、圖示。

　　希望本書這175位國內外優秀行銷經理人的實戰智慧與成功心法、金句，能夠帶給你們在行銷領域及營業領域更多的學習、成長與進步，並期待讀者們在公司上班或自行創業，都能步步高昇、調高薪水、晉升職位。

　　最後，祝福讀者朋友們都有一個美好、成長、成功、高薪、平安、健康、幸福、開心的美麗人生；在每一分鐘的時光中。

　　祝福大家！感謝大家！感恩大家！

作者　戴國良

taikuo@mail.shu.edu.tw

# 目　錄

01　作者序言

001　**1**　2022年度台灣廣告量發展趨勢重點摘要

004　**2**　台隆集團（手創館、松本清……）董事長　黃教漳

006　**3**　台灣優衣庫（Uniqlo）日籍總經理　黑瀨友和

008　**4**　李奧貝納廣告集團前董事長　黃麗燕

011　**5**　老協珍公司公關協理　丁懿琪

013　**6**　全聯超市董事長　林敏雄

014　**7**　桂冠火鍋料前董事長　林正明

015　**8**　曼都連鎖髮廊董事長　賴淑芬

016　**9**　順益汽車創辦人　林清富

017　**10**　屈臣氏連鎖藥妝店總經理　弋順蘭

018　**11**　momo電商前董事長　林啓峰

020　**12**　美琪香皂公司總經理　吳英偉

021　**13**　全家便利商店董事長　葉榮廷

022　**14**　日本最大生活雜貨店唐吉訶德連鎖
折扣店執行長　吉田直樹

023　**15**　日本任天堂公司執行長　古川俊太
郎

024　**16**　峰圃茶行總經理　蔣亞儒

025　**17**　汪喵星球寵物食品公司創辦人　孫
宗德

026　**18**　珍食堡高端寵物食品公司董事長
徐嘉隆

027　**19**　達摩媒體執行長　林合政

029　**20**　春樹科技公司執行長　鄭景榮

030　**21**　日本7-11公司創辦人　鈴木敏文

032　**22**　寶雅公司（上市公司年報摘要）

034　**23**　美國Costco（好市多）量販店（取
自TVBS新聞報導）

035　24　日本內衣第一品牌Peach John（公司官網）

036　25　先勢公關集團創辦人　黃鼎翎

036　26　迷客夏手搖飲總經理　黃士瑋

037　27　集雅社總經理　蘇在基

038　28　宏亞食品公司董事長　張云綺

039　29　PChome董事長　詹宏志

040　30　光陽機車董事長　柯勝峯

041　31　大苑子手搖飲董事長　邱瑞堂

042　32　中國名創優品公司（MINISO）生活雜貨連鎖店創辦人　葉國富

044　33　遠東新竹巨城購物中心董事長　李靜芳

045　34　富邦集團董事長　蔡明忠

046　35　豆府餐飲集團董事長　吳柏勳

047　36　商業周刊總編輯　曠文琪

047　37　信義房屋董事長　周俊吉

048　38　台灣無印良品前總經理　梁益嘉

049　39　大樹藥局連鎖店董事長　鄭明龍

050　**40**　泰泉食品公司總經理　吳福泉

051　**41**　聯合利華台灣公司行銷總監　鄧鈞
　　　　璟

052　**42**　台灣花王公司消費品事業部處長
　　　　劉秀品

055　**43**　久津實業公司總經理　林孝杰

057　**44**　墨力國際公司（一芳水果茶）董事
　　　　長　柯梓凱

058　**45**　桂冠火鍋料公司整合行銷主任　王
　　　　鈺婷

059　**46**　味丹食品公司行銷部經理　呂克汶

060　**47**　耐斯566集團執行副總　邱玟諦

062　**48**　可口可樂公司（原萃綠茶）台灣行
　　　　銷總監　權貞賢

064　**49**　瓦城餐飲集團董事長　徐承義

065　**50**　味丹食品公司執行董事　楊坤洲

066　**51**　統一企業集團董事長　羅智先

068　**52**　中國OPPO手機公司創辦人　陳永
　　　　明

069　**53**　微風百貨公司董事長　廖鎮漢

070　**54**　舊振南餅店公司董事長　李雄慶

072　**55**　台灣摩斯漢堡連鎖店日籍副總　福光昭夫

073　**56**　台北晶華酒店麗晶精品街貴賓服務總監　江淑芬

074　**57**　日本羅森（Lawson）便利商店連鎖店社長　竹增貞信

076　**58**　恆隆行代理進口公司董事長　陳政鴻

079　**59**　福特汽車台灣公司行銷處長　林宇涵

080　**60**　P&G台灣及香港前總經理　倪亞傑

081　**61**　中華電信公司資深協理　常家寶

082　**62**　美國第一大藥妝連鎖Walgreens公司執行長　貝莫爾

084　**63**　日本朝日啤酒公司社長　勝木敦志

085　**64**　恆隆行進口代理公司執行副總　曾逸晉

086　**65**　三花棉業公司董事長　施純溢

087　**66**　嬌聯公司總經理　楊國柱

089　**67**　統一藥品公司前總經理　張聰本

090　**68**　P&G台灣公司前市場總監　蔡長纓

091　**69**　統一超商整合行銷部前經理　李建昌

092　**70**　台灣比菲多食品公司董事長　梁家銘

093　**71**　統一超商公司前總經理　徐重仁

099　**72**　日本櫻花水產公司營業部長　佐佐木泰

100　**73**　SK-II專櫃前業務部協理　羅安成

101　**74**　國賓大飯店總經理　李昌霖

102　**75**　歐可奶茶包創辦人　黃培倫

103　**76**　紫牛行銷大師　賽斯‧高汀（Seth Godin）

104　**77**　東方線上公司執行長　蔡鴻賢

105　**78**　愛康衛生棉創辦人　何雪帆

106　**79**　愛卡拉（iKala）共同創辦人　鄭鎧尹

107　**80**　貝立德數位中心長　陳柏全

108　**81**　台灣松下（Panasonic）公司董事長　洪裕鈞

109　**82**　P&G台灣公司前資深品牌經理　郭維蓁

110　**83**　華碩公司前產品經理　張建堯

111　**84**　台灣嬌生公司前總經理　張振亞

113　**85**　85度C行銷公關部副總經理　鐘靜如

114　**86**　德國Rimowa行李箱總裁　莫爾斯策克

115　**87**　台灣萊雅公司前總裁　陳敏慧

117　**88**　韓國愛茉莉太平洋集團台灣區總裁　高祥欽

118　**89**　屈臣氏台灣公司前總經理　安濤

120　**90**　SEIKO精工錶台灣公司總經理岡野浩幸

121　**91**　台灣麥當勞行銷部協理　李俞顯

123　**92**　台灣Sony公司行銷總部協理　土肥繁昌

124　**93**　中國OPPO手機公司台灣區總經理何濤安

125　**94**　萬國通路行李箱公司董事長　謝明振

126　**95**　台灣櫻花公司總經理　林有土

129　**96**　老協珍公司總經理　陳正威

130　**97**　宏佳騰機車公司總經理　鍾杰霖

131　**98**　軒尼詩洋酒公司行銷企劃部總經理蘇慶怡

132　**99**　王品餐飲集團品牌部前總監　高端訓

133　**100**　日本象印電子鍋總公司社長　市川典男

134　**101**　美國Apple蘋果公司董事長　庫克

134　**102**　如記食品公司總經理　許清溪

135 **103** 台灣華歌爾公司執行副總　楊文達

136 **104** 台灣菸酒公司前總經理　林讚峰

137 **105** 永豐實公司（紙品、清潔品）總經理　徐志宏

138 **106** 台灣百事食品公司行銷總監　劉曉雯

140 **107** 可口可樂台灣分公司品牌總監　楊鳳儒

141 **108** 日本東洋經濟週刊記者報導

142 **109** 葡萄王生技公司董事長　曾盛麟

142 **110** D+AF網路女鞋執行長　張士祺

143 **111** 遠傳電信公司總經理　井琪

144 **112** 唯品風尚網購集團執行長　周品均

146 **113** 錢都火鍋連鎖店副總經理　張美華

146 **114** 珍煮丹手搖飲公司董事長　高永誠

147　**115**　10/10（ten over ten）進口代理
　　　　　　公司創辦人　楊啓良

149　**116**　日本松本清藥妝連鎖總公司社長
　　　　　　塚本厚志

150　**117**　P&G台灣及香港公司公關部總
　　　　　　監　張燕妮

151　**118**　花仙子公司執行長　王佳郁

153　**119**　IKEA北亞區行銷總監　夏啓文

154　**120**　域動行銷公司營銷部副總經理
　　　　　　廖詩問

155　**121**　鮮乳坊鮮奶公司創辦人　龔建嘉

156　**122**　乖乖食品公司總經理　廖宇綺

157　**123**　頂呱呱速食公司前行銷部主管
　　　　　　劉人豪

158　**124**　台灣櫻花廚具公司品牌總監　鄧
　　　　　　淑貞

159　**125**　富發製鞋公司總經理　呂紹楠

160　**126**　遠東SOGO百貨公司董事長　黃
　　　　　　晴雯

161 **127** 台北Bellavita貴婦百貨公司總經理　梁佳敏

162 **128** 華泰OUTLET名品城總經理　梁曙凡

163 **129** 和泰汽車公司（TOYOTA）總經理　蘇純興

165 **130** 台灣森永食品公司副總特助　黃瑞祥

166 **131** 恆隆行代理進口公司Dyson事業處處長　董家彰

168 **132** 吉康食品公司行銷經理　周書如

169 **133** NET服飾公司董事長　黃文貞

170 **134** 台灣三星公司品牌行銷處長　劉姿瓏

171 **135** 軒郁面膜公司總經理　楊尙軒

172 **136** 愛之味公司行銷企劃本部總監　胡淑媚

173 **137** 家樂福公司企業社會責任暨溝通總監　蘇小眞

174 **138** 台灣麥當勞品牌暨整合行銷傳播
副總裁　李意雯

175 **139** 台灣賓士汽車公司前總裁　邁爾
肯

176 **140** 漢來美食公司總經理　林淑婷

177 **141** 克萊亞專櫃服飾公司總經理　林
志杰

178 **142** 台灣P&G公司前品牌經理　粘
瑩芝

179 **143** 義美食品公司總經理　高志明

180 **144** 全聯超市公司行銷部協理　劉鴻
徵

180 **145** 寵愛之名面膜公司創辦人　吳蓓
薇

181 **146** 台灣妮維雅保養品公司品牌經理
劉朴恒

182 **147** 日本大金冷氣總公司社長　十河
政則

183 **148** 桂冠公司前董事長　林正明

184　**149**　日本無印良品總公司董事長　金井政明

185　**150**　國強面膜公司董事長　張家福

186　**151**　王品餐飲集團品牌部總監　林國威

187　**152**　亞尼克菓子工房董事長　吳宗恩

188　**153**　高雄漢神巨蛋百貨公司日籍店長　南野雄介

189　**154**　「深夜裡的法國」手工甜點店長　劉啓任

189　**155**　金色三麥公司執行長　葉冠廷

190　**156**　城邦出版集團首席執行長　何飛鵬

191　**157**　阿聯酋航空公司執行副總裁　安蒂諾里

192　**158**　全家便利商店鮮食部長　黃正田

194　**159**　統一企業茶飲料事業部前品牌經理　葉哲斌

195　**160**　日本索尼（SONY）總公司董事

長　平井一夫

196　**161**　統一企業中國控股公司總經理
侯榮隆

197　**162**　大輔貿易公司總經理　陳炯瑞

198　**163**　影響力學院創辦人　丁菱娟

199　**164**　台灣屈臣氏前總經理　艾克許

200　**165**　Garmin公司業務及行銷協理
林孟垣

201　**166**　歐洲品牌行銷之父　夏代爾

203　**167**　奧美廣告副董事長兼策略長　葉
明桂

204　**168**　陽獅廣告公司前總經理　梁曙娟

206　**169**　日本湖池屋食品總公司社長　佐
藤章

207　**170**　德國博世（BOSCH）家電公司
台灣區前總經理　范斯

208　**171**　特力屋居家館前執行長　童至祥

209　**172**　台北SOGO百貨營運本部總經理
汪郭鼎松

210　**173**　美商愛德曼公關公司總監　葉佳佳

211　**174**　台灣松下（Panasonic）總公司總經理　林淵傳

212　**175**　台灣偉門智威管理公司合夥人　張玫

# 1　2022年度台灣廣告量發展趨勢重點摘要

1. 五大媒體接觸率：
   (1) 網路（含行動）：95%。
   (2) 電視：85%。
   (3) 報紙、雜誌、廣播：12%～15%。
2. 電視以廣度取勝，網路則以精準度勝出。
3. 報紙、雜誌、廣播廣告量仍維持在低檔，經營很辛苦。
4. podcast（播客）尚未找到可獲利商業模式，廣告收入仍很少，能賺錢的不多。
5. 網路廣告仍由國外大型平台拿下至少八成之多，主力包括：FB、IG、YT、Google及Line等五家。
6. 廣告主有撥一部分廣告預算到KOL及KOC（網紅行銷）、CRM（會員經營）、行銷科技（Tech- Marketing）、分眾行銷、小眾行銷……去了。

7. 2022年度，全台6大媒體廣告量將近500億元，持平發展，未有大幅成長，也未有大幅衰退。6大媒體廣告量及占比，如下：
   (1) 電視廣告量：200億元（占比40%）
   (2) 網路及行動廣告量：200億元（占40%）
   (3) 戶外廣告量：40億元（占8%）
   (4) 報紙廣告量：20億元（占4%）
   (5) 雜誌廣告量：15億元（占3%）
   (6) 廣播廣告量：10億元（占2%）

8. 2022年度，電視廣告量有2%～3%微幅成長，顯示電視廣告對中年人及老年人產品類型，仍具有效果及效益存在，特別是在品牌資產價值的鞏固具有好效果。

9. 2022年度，促銷型的電視廣告及網路廣告，有顯著增加，顯示促銷非常重要，唯有促銷才能提振業績。

10. 2022年度，網路廣告的成長率已下降，顯示網路廣告已到飽和。

11. 報紙及電視新聞媒體，大幅轉向網路新聞及行動新聞發展，大力爭取這方面的廣告收入。

12. 全台有線電視戶數微幅下滑到465萬戶,中華電信MOD戶數約130萬戶,全台OTT TV訂戶數約150萬戶,MOD及OTT要做廣告收入仍很困難,有線電視每年廣告收入仍保持在170億元。

13. 有線電視廣告收入最多的2大頻道類型,一是新聞台,二是綜合台,占全部有線電視廣告收入約80%之高。

14. 2022年度廣告投放量的10種廣告主行業別,如下:

(1) 汽車業

(2) 機車業

(3) 藥品業

(4) 保健食品業

(5) 家電業

(6) 房屋仲介業

(7) 酒業

(8) 零售業

(9) 食品+飲料業

(10) 日常消費品業

# 2 台隆集團（手創館、松本清……）董事長 黃教漳

## 行銷成功金句

1. 事業中的所有突破及創新，都是根據顧客需求。

2. 開發新產品、新事業，都要站在顧客角度，要從顧客需求去開發，才會成功。

3. 任何生意，都要先找出有哪些沒有被滿足的需求。

4. 不要做營運上競爭，而是要做差異化競爭。

5. 要做進入障礙高的行業。（你做很容易的，別人馬上就跟上來；做難的，別人就不容易跟。）

6. 企業經營與行銷祕訣：抓住變化！超前部署！

7. 所有的經營理念都要回到顧客。

8. 經營企業必須了解二種變化：一是業界變化，二是消費者變化。

9. 做行銷，要跟著整個社會脈動的改變，一直精

進、一直增加新東西。

10. 如何預測未來：一是參考先進國家軌跡，二是做一些市調，三是自己對台灣的觀察。

11. 台隆集團70年都是「應變經營學」，一直因應變化、不斷壯大、不斷進步。

12. 要跟著顧客一起成長、一起超前部署。

13. 任何事都要以顧客為優先。

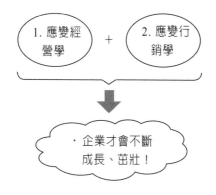

# 3 台灣優衣庫（Uniqlo）日籍總經理 黑瀨友和

## 行銷成功金句

1. 優衣庫來台十多年能有今天的成果，都要感謝台灣消費者的支持。

2. 台灣優衣庫能在逆勢中成長，主要祕訣就在於：VOC（傾聽顧客聲音，Voice of Customer）。

3. VOC是優衣庫的經營核心，每個月都搜集超過一萬筆顧客的意見。

4. 優衣庫會從四大管道搜集顧客的回饋意見：
   (1) 第一線門市店的現場抽樣顧客訪問。
   (2) 手機會員的留言。
   (3) 專業的市調。
   (4) 客服中心接聽。

5. 從賣場陳列到商品選擇，都必須依當地消費者的取向進行調查，甚至根據顧客需求開發此商品。

6. 高CP值、實用性、對品牌信任感，是優衣庫獲

　　得台灣消費者支持的三大主因。

7. 台灣優衣庫也成立網路商店，線上會員已破500
　　萬人，多數是年輕世代。

8. 我的使命是讓台灣優衣庫做到真正的在地化。

9. 每個店長都要學習會看損益表，知道這店有沒
　　有獲利。

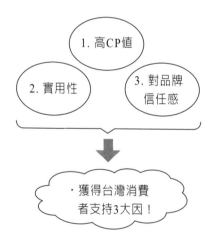

1. 高CP值

2. 實用性

3. 對品牌
信任感

‧獲得台灣消費
者支持3大因！

# 4　李奧貝納廣告集團前董事長 黃麗燕

## 行銷成功金句

1. 打造品牌有三個重點：
   一是要有願景（vision）；
   二是要有品牌使命（mission）；
   三是要能創造價值（value）。
2. 善用設計，以提升產品價值（色彩、logo標誌、外觀、視覺、質感、slogan）。
3. 全員及顧客一起思考如何提升產品價值。
4. 要創造對價值的想像，突破對提高價格的恐懼。
5. 你有看到名牌精品店的顧客在殺價嗎？
6. 只要產品眞的夠好，就能創造價值。
7. 品牌需要時間累積，是急不得的。
8. Value-up（提高價值）的重要性優先於cost down（降低成本）。
9. 做品牌最重要的是，要思考你的核心價值是什

麼？你的獨特差異是什麼？兩個加起來後，才能夠成為你的競爭優勢。

10. 如果沒有品牌意識，你的業績也是做不久、做不大的。

11. 每年仍要檢視品牌與顧客有無連結、繼續保持關係。

12. 時代變了，我們有沒有與時俱進！

13. 要突破對價格的恐懼，創造對價值的想像。

14. 顧客對品牌的選擇並不全是看價格高低，而是有無價值。

15. 並不是要你一味的提高價格，而是要敢於定價，努力讓商品符合那個價值。

16. 品牌的重點是企業文化。

17. 品牌需要時間累積，絕對急不得，會隨著企業一起成長。

18. 找到屬於自己的品牌故事，無法被替代的價值。

19. 想要提高獲利，就必須建立好品牌。

20. 李奧貝納廣告公司存在目的，就是協助客戶達成營運目標，並成為重要的行銷夥伴。

21. 我深信，只要客戶能成為領導品牌，李奧貝納也能成為領導品牌。

22. 要讓客戶持續成長，黃麗燕要團隊永遠跑在客戶前面。

23. 未來的廣告行銷一定是one team作業，而李奧貝納最大優勢，就是提供客戶全方位解決方案，就是全包。

24. 面對快速變動的數位行銷時代，求知若渴的黃麗燕每年做新嘗試，協助客戶保住領導者地位。

# 5　老協珍公司公關協理　丁懿琪

## 行銷成功金句

1. 產品策略要抓緊消費者飲食習慣的改變。
2. 百年老品牌也要轉型。
3. 線上＋線下全通路銷售佈局。
4. 找超強藝人代言廣告（港星郭富城、徐若瑄），成效良好。
5. 郭富城廣告腳本裡最吸引人的一句話：「我愛分享，訴說不同人生，人生最美滋味，就是有苦有甘。」
6. 產品方向要朝多元化策略發展（佛跳牆、熬雞精、美顏飲、米漢堡）。
7. 最貴佛跳牆，用差異化吸客。
8. 要賣禁得起考驗的產品，才會有回購率。
9. 產品力還是最重要的，即使行銷再強大，若是產品體驗不好，顧客都不會再購買第二次。
10. 唯有用商品品質做根基，再加上用行銷錦上添花，這樣，老招牌才能持續發亮。

11. 我們與知名的IP做聯名行銷，每款商品都賣得
    不錯。

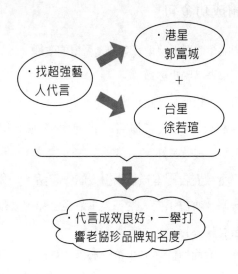

# 6　全聯超市董事長　林敏雄

## 行銷成功金句

1. 做經營、做行銷，必須要跟上時代趨勢。
2. 要讓消費者感覺全聯是持續在改變，往更好的方向走！
3. 全聯的slogan就是：方便又省錢！
4. 任何行業要做就做第一名，否則就不要做。
5. 全聯超市的集點行銷，每次都很成功。
6. 全聯在全台的1,100店已築起一道很強大的進入障礙與門檻了。

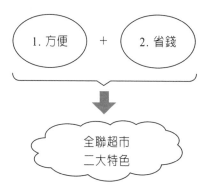

# 7 桂冠火鍋料前董事長　林正明

## 行銷成功金句

1. 因我們價格比競爭對手多二成，故不能做價格競爭，只能做價值競爭。
2. 我們都是用好的食材、嚴謹的品質及食物好吃等價值做競爭。
3. 任何事情，只要有50%以上的把握性，就可以下去做；可以邊做、邊修、邊改，就會越做越好。
4. 不能等到100%完美時再做，此時商機都被別人搶走了。

# 8　曼都連鎖髮廊董事長　賴淑芬

## 行銷成功金句

1. 只要是對公司有利的事，就要去做、去嘗試、不斷去修正，直到做出效果為止。
2. 做老闆的，要永遠走在員工的最前面。
3. 自己當最強網紅，在臉書開出直播，自己帶頭示範，讓員工習慣數位化。

# 9　順益汽車創辦人　林清富

## 行銷成功金句

1. 不斷革新，不墨守成規。
2. 說情無用，賞罰分明。
3. 面對未來，如履薄冰。
4. 擴張佈點，深化服務。
5. 堅守本業，永續經營。

# 10 屈臣氏連鎖藥妝店總經理 弋順蘭

## 行銷成功金句

1. 在消費者需要的時候，我們都可以及時滿足他們。
2. 做行銷，你沒有進步，在原地就是退步。
3. 每一項行銷決策背後，都要有數據分析為依據。
4. 建立VIP會員機制，培養顧客忠誠度。
5. 550萬會員，貢獻每年超過八成業績。

# 11　momo電商前董事長　林啓峰

## 行銷成功金句

1. 「物美價廉」是我們行銷致勝的核心本質。

2. 我們成功四大要點：

    (1) 多：品項多、選擇性多。

    (2) 好：好品質、優良產品。

    (3) 省：低價、平價、CP值高。

    (4) 快：物流宅配速度快。

3. 做好品牌的基本功，讓顧客信任你，需要什麼都找你。

4. momo網購成功三大心法：

    (1) 價格，是最有效的行銷武器。

    (2) 不斷提升商品到貨速度。

    (3) 拓展更多元產品線及加值服務。

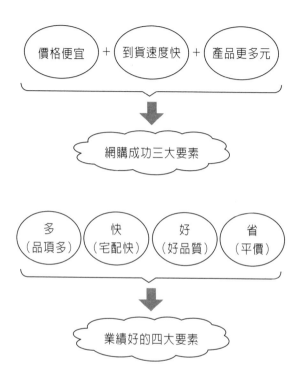

# 12 美琪香皂公司總經理　吳英偉

## 行銷成功金句

1. 雖是77年老品牌，但仍堅持品質要做到100分！
2. 我們的消費對象是比較中年人的一群，故必須轉型做好品牌年輕化。
3. 新產品出來之前，總經理要自己親自試用，再把意見反應給研發調整配方。
4. 總經理親自出巡賣場，了解自家及競爭品牌的比較，並看陳列好不好。

品牌老化　➡　展開品牌年輕化的行銷改革！

# 13 全家便利商店董事長 葉榮廷

## 行銷成功金句

1. 用心觀察變化趨勢,並快速做出應對行動。

2. 全家+鼎泰豐聯名便當系列,2個月賣出100萬個。

3. 如何觀察變化、變動?

   (1) 追蹤POS上的過去消費紀錄統計。

   (2) 觀察海外先進國家作法。

   (3) 研讀各種報告與調查數據。

4. 點子與創新的來源?要經常思考!是長久累積下來的。

5. 要以消費者需求為導向。

6. 創新!是我們企業的DNA。

7. 過去強調的是高CP值,現在則強調高EP值或高CE(Consumer Experience)值。要從環境、裝潢、氣味、視覺、氛圍、燈光、設計、色彩……等,打造出消費者感受良好、喜歡的體驗感。

8. 零售業沒有成功方程式,且現在的成功,也不會是未來競爭力來源。

# 14　日本最大生活雜貨店唐吉訶德連鎖折扣店執行長　吉田直樹

## 行銷成功金句

1. 堅持顧客最優先主義。

2. 保持超低價。驚安殿堂，價格低到嚇人。

3. 拒絕安定，要有創造性破壞。

4. 快速調整應變。

5. 要誠實，不欺騙客人。

6. 新奇、有趣、好玩、便宜、24小時。

7. 不做任何廣告！只靠口碑自然傳播。

8. 靠會員經營，全日本有1,200萬會員。

9. 豐富品項可選擇。

10. 店面經營要去標準化，採個店經營，開個性化門市店，打破連鎖原理。

11. 訂定（願景2030）十年開展目標。

# 15　日本任天堂公司執行長　古川俊太郎

## 行銷成功金句

1. 好景不會長久持續，故要常存危機意識。每年都是關鍵時刻，每年都要有新提案、新產品。
2. 產品一定要與眾不同，故要鑽研技術。好玩及有趣的內容仍最重要。
3. 經營的根本，就是要思考如何永續經營。

好景不會長久持續！ ➡ ・要常存危機意識！
・每年都要有新提案、新產品！

## 16 峰圃茶行總經理　蔣亞儒

### 行銷成功金句

1. 做行銷，要提早看到需求，並提早去佈局。
2. 做生意，要提早先進入卡位。
3. 做B2B生意，儘量要客製化，做出優質差異服務。
4. 常要透過體驗，提升價值，做好體驗行銷感受，生意就會來。

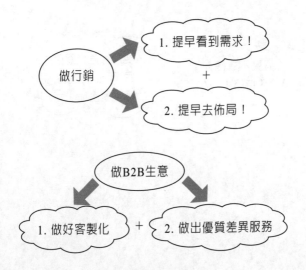

# 17 汪喵星球寵物食品公司創辦人 孫宗德

## 行銷成功金句

1. 行銷策略很簡單，多聽顧客的聲音。
2. 顧客在哪裡，我們就在那裡。
3. 建立臉書社團及Line群組，以保持與顧客的互動性。
4. 把FB社團做為顧客調查中心，想了解顧客需求，就進入臉書社團去詢問及投票。新產品開發，也可透過此方法。
5. 不做市場早就有的東西，而是去做那塊消費者不被滿足的痛點。要有信心去滿足消費者痛點。

## 18　珍食堡高端寵物食品公司董事長　徐嘉隆

### 行銷成功金句

1. 做行銷，要精準掌握市場趨勢。
2. 運用多品牌區分多元產品線。
3. 產品要建立特色，必須具備創新及研發力，如此，才不會陷入低價格戰。

# 19 達摩媒體執行長 林合政

## 行銷成功金句

1. 找到有影響力的網紅合作。

2. 新品牌宜找高流量KOL網紅合作；既有品牌則找相關專業網紅深度合作。

3. 國內外趨勢已走向KOC微網紅行銷，最好KOC本身就是品牌愛用者，能自動為品牌說話。

4. KOL網紅不只做行銷宣傳，甚至做直播團購也有好成效的。

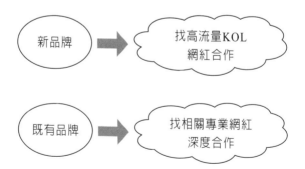

# 20　春樹科技公司執行長　鄭景榮

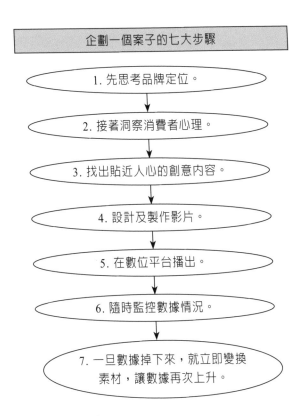

企劃一個案子的七大步驟

1. 先思考品牌定位。

2. 接著洞察消費者心理。

3. 找出貼近人心的創意內容。

4. 設計及製作影片。

5. 在數位平台播出。

6. 隨時監控數據情況。

7. 一旦數據掉下來，就立即變換
素材，讓數據再次上升。

# 21　日本7-11公司創辦人　鈴木敏文

## 行銷成功金句

1. 顧客的需求在哪裡，產品及服務就應該在那裡。

2. 一切以顧客價值為導向。

3. 現在做行銷，就必須站在顧客的角度思考，了解顧客的心理。

4. 1991年，美國7-11倒閉，問題就出在沒有完全站在消費者的立場去著想。

5. 我從來不去模仿別人，別人有別人的優點，但若不好好深究自己的想法，就輕易的模仿別人，是不會成功的。

6. 若沒有站在顧客的立場，自己思考出解決辦法，是無法存活下去的。

7. 雖然人口在減少、在老化，但變化就是機會。

8. 要時時刻刻掌握顧客心理。

9. 如果不能與時俱變，就難以致勝。

10. 不要等到消費者厭煩之後，才開始研發新商

品；而是要立刻著手，當熱潮退燒的時候，就可以馬上推出新品。

11. 現在處於物資過剩狀態，只有能提供新價值的商品才能賣得出去。

12. 要用心創造與競爭對手的差異、差別化。

13. 經常提供新產品，應該是維持人氣的祕訣。

14. 只要能對應變化，市場就不會飽和。

15. 不斷好奇，就能找到驚喜感。

16. 沒有附加價值，就沒有競爭力。

17. 不重視客人需求，東西再好也沒用。

18. 以前沒人做過？那更要去做。

19. 要拋去賣方立場，否定過去經驗。

20. 新的一年，務必著重於新商品開發及待客二大課題。

21. 要打造一家可以賣進顧客心裡的商店。

22. 賣方要提供超過顧客期待以上的價值，顧客才會感到滿足。

23. 要提供顧客意想不到的創新服務。

24. 為了要活在未來，因此，要往前一步思索未來、佈局未來。

25. 平常就要非常努力，才有辦法在對的時機抓住它。

## 22 寶雅公司（上市公司年報摘要）

### 行銷成功金句

1. 要多方了解顧客意見，了解需求，快速落實執行，提升顧客滿意度。
2. 如何重視顧客需求？怎麼做？
   (1) 0800客服蒐集。
   (2) 第一線門市店蒐集。
   (3) 舉辦FGI（焦點座談會）。
   (4) 臉書粉絲社團、粉絲專頁。
   (5) 企業內部開會討論。
3. 要重視會員經營，鞏固會員忠誠度，加強會員獨享優惠。
4. 不斷優化產品組合及產品結構，以拉升業績。
5. 要持續展店，五年目標達400店。
6. 定期派採購團隊赴國外開發新產品。
7. 努力塑造優質寶雅品牌形象（高質感形象）。
8. 加強運用媒體宣傳力量，拓展寶雅品牌知名度

及好感度。

9. 發展第二品牌寶家五金用品連鎖店，以保持營運成長。

10. 加強FB及IG粉絲團經營，以提高互動率、瀏覽率及黏著度。

11. 要持續改良APP，目前下載數已達300萬人次。

# 23　美國Costco（好市多）量販店（取自TVBS新聞報導）

## 行銷成功金句

1. 物美價廉仍是Costco成功吸客的根本。
2. 會員高忠誠度是成功關鍵。
3. 美國Costco會員續約率為91%，會員收入占總利潤的90%之多。
4. 雖疫情來襲，但營收額及來客數仍正成長。

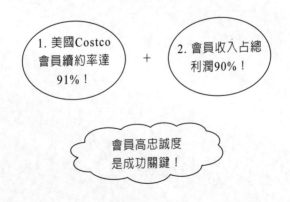

# 24 日本內衣第一品牌Peach John （公司官網）

## 行銷成功金句

1. 精準化TA（精準行銷）＋全媒體投放策略。
2. 品牌銷售根本來自於產品力。
3. 產品價值才是核心競爭力。
4. 對消費者要滿足其需求並傳遞價值才能成功。
5. 產品力＋行銷力＝銷售。
6. 清楚目標族群才可以精準的與TA溝通。
7. 要提高顧客對我們家品牌的印象度＋熟悉度，然後有需求時，才會有指名度。
8. 執行360度全媒體傳播策略。
9. 要以數據為核心才能達成精準行銷的目的。

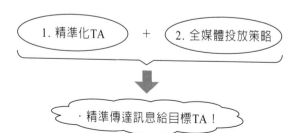

## 25　先勢公關集團創辦人　黃鼎翎

### 行銷成功金句

1. 做B2B事業，首要在贏得客戶信任。
2. 要累積出好口碑，生意自然就來。
3. 要為客戶做出好結果，長期客戶占70%。

## 26　迷客夏手搖飲總經理　黃士瑋

### 行銷成功金句

1. 品牌成功經營與行銷的四個心法：
   (1) 堅持好的、天然食材。
   (2) 注重店內裝潢。
   (3) 鞏固熟客。
   (4) 高標準挑選加盟主。

# 27　集雅社總經理　蘇在基

## 行銷成功金句

1. 定位精準：以高端影音家電爲銷售主力。
2. 完美體驗：百貨公司現場可試聽、試看，親身感受。
3. 商品齊全：可一站購足，滿足高端客戶需求。
4. 全通路行銷：線上＋線下虛實融合。
5. 拓店策略：全台52家百貨公司專櫃及門市店。

## 28　宏亞食品公司董事長　張云綺

### 行銷成功金句

1. 要更貼近消費者，減少製造商語言。
2. 要努力在消費者心中持續占有地位（即，提高心占率）。
3. 新產品可先在官方社群媒體上測試看看，評價好的，再拿到線下去銷售（此叫社群食驗室）。
4. 要成為好品牌，就得持續吸引年輕人才行，我們得更貼近消費者，減少製造商語言。
5. 口味過多，容易出現品牌稀釋現象，反讓原先主打的商品銷量下降，消費者印象也模糊了。
6. 決定把自家臉書粉絲團做為新品測試場域，從中搜集、了解消費者回饋，若好評多，則可思考到線下銷售。
7. 宏亞一直在轉型，努力在消費者心中持續占有地位。

# 29　PChome董事長　詹宏志

## 行銷成功金句

1. 要走差異化的成長道路。

2. 深耕女性族群。

3. 決勝點在於能否提供不可取代性的價值。

4. 商品要夠獨特性。

# 30　光陽機車董事長　柯勝峯

## 行銷成功金句

1. 我必須要想未來會變怎樣。
2. 要做市場的先驅者、領先者。
3. 當品牌領先者，必須投入更多的技術研發。

# 31　大苑子手搖飲董事長　邱瑞堂

## 行銷成功金句

1. 每一個決策，都必須從顧客出發，要讓顧客在每個環節都開心。
2. 產品是基本功，還要加上行銷及服務。

每一個決策
都必須從顧客出發！

# 32 中 國 名 創 優 品 公 司 （MINISO）生活雜貨連鎖店 創辦人　葉國富

## 行銷成功金句

1. 消費者需求有三個要：

    (1) 要愈來愈好的品質。

    (2) 要愈來愈低的價格。

    (3) 要永遠保持新鮮感。

2. 高品質與低價是可以並存的。

3. 物美價廉與薄利多銷是我們的行銷理念。

4. 我們與美日等國知名IP聯名，打造吸引人的好產品。

5. 優質低價、歡樂、隨心所欲，是Miniso的品牌三大DNA。

6. 優質低價是Miniso打造產品的永恆目標，消費者以親民的價格，就能買到高CP值、高品質的優質產品。

7. 產品為主，始終是我們最重要的企業戰略。

8. 自創立以來，我們已先後與Hello Kitty、漫威、
   米奇／米妮、可口可樂、粉紅豹等全球知名IP
   合作，推出一系列深受年輕人喜愛的聯名商
   品。

9. 我們至今已在全球有4,200家門市店。

# 33　遠東新竹巨城購物中心董事長　李靜芳

## 行銷成功金句

1. 最強社群經營心法：

　(1) 對粉絲要給他們實質優惠。

　(2) 貼文絕對不要長，最好5秒就能搞懂。

　(3) 每天只發3～4次貼文，粉絲沒互動性，就刪除。

　(4) 提供粉絲在地訊息、第一手消息。

　(5) 讓粉絲許願！可以提出進駐哪個新櫃。

　(6) 收到抱怨要馬上交相關單位改善，並告知進度。

　(7) 經營粉專六字訣：真實、親近、信賴。

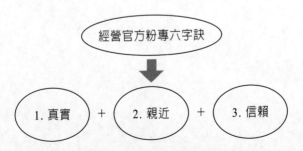

# 34　富邦集團董事長　蔡明忠

## 行銷成功金句

1. 事業經營成功，最重要的就是人才！要找到最好、最優秀的人才！
2. 我認為創新最難，要不斷創新產品及服務，創新是要能改變，創造不同作法、方式。
3. 富邦集團的slogan是：正向力量，成就可能。

# 35　豆府餐飲集團董事長　吳柏勳

## 行銷成功金句

1. 行銷成長動能，一是發展新品牌，二是開展分店數。

2. 董事長我本人每週親自巡店，站在第一線觀察。

3. 必須不斷優化服務品質。

4. 必須不斷調整口味、菜單及分量。

5. 人的一輩子，如果能把一件事情專心做好，就是很大的功德。

# 36　商業周刊總編輯　曠文琪

## 行銷成功金句

1. 行銷要成功，就必須有四要：
   (1) 要創造價值。
   (2) 要創造獨特性。
   (3) 要創造獨一無二。
   (4) 要與眾不同。

# 37　信義房屋董事長　周俊吉

## 行銷成功金句

1. 愈是不景氣，消費者愈要找值得信任的品牌。
2. 品牌經營的最高峰及最極緻就是信任。
3. 信任，就是品牌的最高價值。

# 38 台灣無印良品前總經理　梁益嘉

## 行銷成功金句

1. 追求有道理的便宜，儘量控制成本，降價回饋顧客。

2. 只要10%顧客喜歡就好了，做10%顧客，此稱為10%哲學。

3. 培訓現場員工為銷售顧問。

4. 努力推展無印passport會員卡。

5. 我們連續15年業績成長，主要關鍵有三：一是在地化；二是重視加值服務；三是日本知名品牌。

# 39　大樹藥局連鎖店董事長　鄭明龍

## 行銷成功金句

1. 經營零售業，要不斷優化坪效。

2. 努力商品品項齊全及多元，可滿足消費者挑選需求，抓住消費者的心。

3. 商店內設計要不斷改良精進，目前已至第五代，這讓消費者有好的店內體驗！

4. 對商品要嚴格執行汰弱留強政策，賣不好就要淘汰掉，以避免積壓太多庫存品。

# 40  泰泉食品公司總經理　吳福泉

## 行銷成功金句

1. 只要路是對的，就不要怕遙遠，就去做吧！
2. 我們的包裝果乾有產銷履歷，有國內外認證無添加色素及防腐劑，真正做到差異化策略成功。

# 41 聯合利華台灣公司行銷總監 鄧鈞璟

## 行銷成功金句

1. 要努力導入創新思維，不管在行銷、在新品開發、在數位化、在經營，都要勇於嘗試、試驗，失敗了可從中學習，學習後，創新成功率就提高了。

2. 必須親自體驗消費者都在體驗的事，才能進一步洞察，不能靜坐觀看，要積極下場參與這個改變。

## 42 台灣花王公司消費品事業部 處長 劉秀品

### 行銷成功金句

1. 傾聽在地的聲音,持續推出適合的產品。

2. 我們行銷團隊會實際到零售通路或是家中,徹底傾聽消費者的意見。

3. 希望我們能成為最理解顧客,成為顧客最愛用的第一品牌。

4. 花王透過傾聽台灣消費者最真實的使用心聲,結合日本創新研發科技,開發出最好產品,再加上精準的廣告溝通,以及零售店頭陳列,進一步提升產品銷售量。

5. 台灣花王為慶祝在台灣50週年,推出一系列花王笑一個的活動。

6. 從前一支廣告可以打到80%消費者,現在要做10個素材在分群投放。

7. 這讓行銷人員的工作量變10倍,但行銷方式也更加活潑,需要針對不同的顧客,提出不同的

重點，找出其中最有效率的方法。

8. 行銷人員必須苦思全方位的促售策略，但長期唯一不變的是去理解消費者的生活。

9. 我們必須走在消費者前面半步距離，產品的先進，必須在消費者的理解範圍內，快太多便無法體會。

10. 花王行銷人也必須自己用過，真正對產品理解，才能打出對的廣告策略。創意固然重要，但不能流於炫技而讓消費者無法體會。

11. 要讓消費者緊跟體驗。

12. 花王是真正了解消費者想要什麼。

13. 花王一直以來，都致力於從各個現場，深入理解消費者，從消費者和產品接觸的那一刻起，花王就會開始觀察，包括消費者如何認知、解讀產品？如何選購產品？如何使用產品？唯有深入了解每個環節，才能真正捕捉到消費者的需求，並提供正確的產品及服務。

14. 除了研發、生產出好的產品外，也要有好的廣告宣傳溝通，以及好的店頭上架陳列輔助。

15. 花王提供線下（零售店）＋線上（官方電商網

購）完整服務。

16. 從消費者視點出發，這是花王一直以來的服務精神。

17. 花王共創設9個Facebook臉書粉絲專頁以及Line官方帳號與貼圖，以此與社群網友做為深度溝通平台。

# 43　久津實業公司總經理　林孝杰

## 行銷成功金句

1. 廣告創意出擊，波蜜蔬果汁就是要打中年輕人。

2. 透過推陳出新的廣告宣傳，鞏固既有市場，同時維持產品熱度，與時俱進。

3. 波蜜找來22～37歲受訪者進行質化FGI焦點座談會，試圖找出影響他們的關鍵因素。

4. 做廣告宣傳，就是對消費者提醒，保持對蔬果汁飲料的新鮮感及存在感。

5. 年輕人不怕菜，就怕不吃菜！榮獲2019年度十大廣告金句。

6. 堅持，才能累積品牌記憶度，未來，也將持續塑造波蜜品牌，使其成為果菜汁代名詞。

7. 產品要有利基點，才比較好行銷推廣。

8. 廣告傳播主張應盡可能貼近消費者。

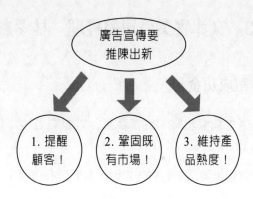

# 44 墨力國際公司（一芳水果茶）董事長 柯梓凱

## 行銷成功金句

1. 永遠不要絕望，多麼低潮都要往前看。
2. 我慎選代理商，幾乎沒有失敗。
3. 做事就要快！現在時代，天下武功唯快不破！
4. 一芳一年花在全球的行銷費用就達五千萬元，一定要讓品牌曝光、再曝光；如果不曝光，消費者很容易遺忘品牌。
5. 創新力要快，必須跟得上市場的創新速度。
6. 因拓店快速，品質控管會決定存亡關鍵。

品牌一定要曝光、再曝光！　→　如果不曝光，消費者很容易遺忘品牌！

## 45　桂冠火鍋料公司整合行銷主任　王鈺婷

### 行銷成功金句

1. 廣告創意核心概念，來自精準的消費者洞察。
2. 以家人相聚，做為電視廣告創意核心概念故事。
3. 在廣告媒體曝光方面，以電視廣告加上FB、YT社群媒體廣告，形成最有效的廣告媒體組合，兼顧與消費者溝通的廣度與準度。
4. 做行銷，總是為消費者多想一點。
5. 桂冠對產品品質的堅持，更自許為企業社會責任。

# 46 味丹食品公司行銷部經理 呂克汶

## 行銷成功金句

1. 外部大環境變化，對泡麵市場影響很大。
2. 雙響泡泡麵更是全方位跨媒體、跨平台的廣告投放及活動宣傳。
3. 味味A泡麵成功三要素，運用對的代言人，在對的節慶時機，創造出對的議題。
4. 做好產品的品質與好吃，再加上有創意、有效的行銷宣傳，就可以打造出品牌形象效果，促進銷售業績提升。

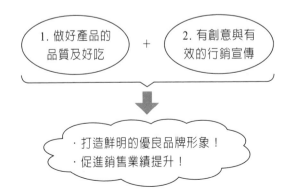

# 47 耐斯566集團執行副總　邱玟諦

## 行銷成功金句

1. 在鞏固原有忠實客群的同時，耐斯566也不斷創新，拉近與年輕族群的距離，並深入各個年齡層。

2. 澎澎（pon-pon）或566都能創造出鮮明的品牌形象。

3. 566針對品牌老化問題，提出2個行銷策略，一是品牌增值（加值）化，二是品牌年輕化。

4. 為品牌注入新元素。

5. 洞察消費者逐年老化，566推出二個新產品：一是566染髮霜，二是566萌髮產品。

6. 566找來年輕人喜愛的姐姐（謝金燕）代言產品，以成功吸引年輕族群。

7. 經營品牌，信賴才是王道。必須努力提高消費者對品牌的信賴度。

8. 耐斯566拿下管理雜誌理想品牌第一名的有：

566洗髮精及566染髮霜。

9. 566染髮霜推出為愛染髮系列的電視廣告片，極為成功。落實566想走進消費者生活，陪消費者走一輩子的願景。

10. 過去，耐斯一年賣20款新品，現在手上已備好30款新品。事情不用做到100分，70分就要先走了。

11. 但如果客戶不滿意怎麼辦？不如在70分時，就會先聽到一些叫你改的方法，世界上不會有什麼100分的事情。70分時，就會有很多noise（雜音）。這就是耐斯能至今長青的祕密。

12. 做行銷，要注意迭代行銷，亦即要跟著客戶的需求變。重點是抓住改變節奏。

13. 每次迭代，耐斯絕不跑第一，讓別人先去試水溫，自己不要盲試，而是要踩對趨勢。

14. 我在別人跟進我之前，我自己先跟進我自己。

15. 什麼事情都要有備無患，如此才能夠一直生存下去、走下去。

# 48　可口可樂公司（原萃綠茶）
## 台灣行銷總監　權貞賢

## 行銷成功金句

1. 鮮明的產品定位，絕對是產品能否在市場生存的關鍵因素之一。

2. 原萃綠茶希望能提供消費者最高品質、最接近真實茶韻的好茶，以及對人體健康的無糖茶飲料。

3. 繼日本綠茶原料後，再推出具台灣在地特色的文山包種茶及木柵鐵觀音茶。

4. 引進日本暢銷的「紅茶花伝」系列茶飲料。

5. 經過消費者洞察，找日本知名藝人阿部寬做代言人，並提出很好的創意廣告片。

6. 紅茶花伝主打皇家級口感的紅茶及奶茶，目標族群鎖定在25歲以上年輕女性。

7. 對於媒體策略，要思考二點，一是目標族群在哪裡出沒，二是宣傳的目的。

8. 產品是否成功，最終還是看消費者買不買單。

原萃綠茶及紅茶花伝都有很好的市場銷售成
果。

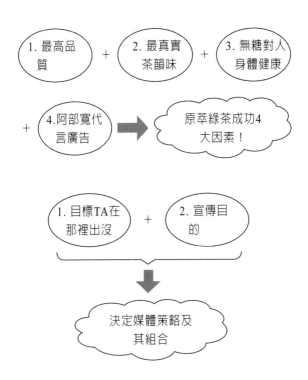

# 49　瓦城餐飲集團董事長　徐承義

## 行銷成功金句

1. 信任，來自於品質。專注品質，是瓦城穩健成長關鍵。

2. 心中有顧客，只求做出顧客心中的最好。

3. 不斷試吃，吃出最好吃的菜色。

4. 成立廚藝管理學院，以系統化方式培養人才。

5. 每年近3,000次神祕客調查檢驗，以求達成更好的顧客滿意度。

6. 當客人發現自己的意見被重視、被改善，也會對瓦城產生更高的信任，帶動品牌忠誠的正面循環。

7. 做好品質，生意自然就來了。

信任，來自於品質！

# 50　味丹食品公司執行董事　楊坤洲

## 行銷成功金句

1. 產品定位清楚，而且抓到消費市場的需求，使業績上升。
2. 多喝水礦泉水設定以16歲消費者為對象，並用年輕人的語言溝通。
3. 「沒事多喝水，多喝水沒事」，打響了多喝水的品牌知名度。
4. 做行銷，就是要用心做出好的產品，並在對的市場銷售。
5. 味丹公司的代理產品事業也做得很成功。

# 51　統一企業集團董事長　羅智先

## 行銷成功金句

1. 營運三重點：一是守護食安；二是追求永遠進步；三是落實三品（品格、品牌、品味）政策。

2. 要持續貫徹品牌經營。

3. 持續優化產品，重視價值行銷。

4. 沒有食安，沒有統一。

5. 只要深耕大品牌，聚焦經營，放掉太小品牌。

6. 在通膨時代，我們不會任意漲價，因為這不符合統一企業品牌經營理念，我們會自我吸收，並且用各種作法克服它。

7. 永遠要持續做好「產品組合優化」，保持全年業績持續成長。

8. 做行銷，就是要不斷推陳出新、與時俱進。

9. 堅持做好基本功，企業就能穩定向前發展下去。

10. 帶給顧客「更美好生活」，是統一企業的終極

願景與使命。

11. 要更加貼近顧客，更滿足他們的需求及期待，統一企業才能順利走入第二個五十年。

12. 在快速變化的時代中，一定要加速進步，才不會被顧客淘汰掉。

13. 創新，才能創造價值；要做「價值競爭」，而不要做「價格競爭」。

14. 心中永遠要有顧客，因為顧客是企業的核心根本。

15. 行銷成功的基本，就是：永遠要為顧客著想。

# 52　中國OPPO手機公司創辦人 陳永明

## 行銷成功金句

1. 要發自內心，做到一個好東西，要求完美。
2. 為了快速打開市場知名度，OPPO手機都是找一線知名藝人明星做代言人。
3. 把產品做得非常棒。
4. 不要追著利潤走，要讓利潤追著你走。
5. 品質至上，追求完美。

# 53　微風百貨公司董事長　廖鎮漢

## 行銷成功金句

1. 微風VIP之夜，一夜衝出13.3億好業績。
2. 愈是危機，愈是擴張時機。

# 54　舊振南餅店公司董事長　李雄慶

## 行銷成功金句

1. 用心做好該做的事。

2. 明確定位在：精緻的手工漢式糕餅。

3. 不斷提升品質，訴求精緻和健康。

4. 舊振南長久以來，秉持誠信的原則，堅持提供安全的產品給每一位消費者，讓消費者可以買得放心、吃得安心。

5. 品質，就是舊振南的品牌基礎。

6. 確保品質，強化食安稽核。

7. 唯有不斷的創新，才能連結到年輕的世代，拓展消費客群。

8. 建立品牌三個條件：一是熱情；二是追求完美；三是經得起長時間考驗。

9. 企業經營要能與時俱進及創新，才能經得起長時間考驗。

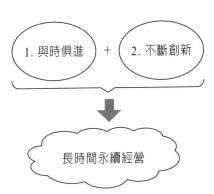

# 55　台灣摩斯漢堡連鎖店日籍副總　福光昭夫

## 行銷成功金句

1. 去年，台灣摩斯開發新商品數高達55項。

2. 不能只靠經典商品支撐整年度營收，商品的數量可以再多一些，變化性再強一點。

3. 為拉近新客以及提高既有客人來店頻率，決定每二個月更換一次期間限定商品。

4. 台灣摩斯擁有120萬名會員，其中，常客高達9成。

5. 研發必須積極回應消費者的需求及喜愛。

6. 新產品開發過程中，一定要經過消費者的測試（市調）。

7. 新產品開發重點是CP值及價值感。

8. 借鏡每次導致失敗的那一步，就能提高未來研發新商品的成功率。

研發，必須積極回應消費者的需求及喜愛！

# 56 台北晶華酒店麗晶精品街貴賓服務總監 江淑芬

## 行銷成功金句

1. VIP貴賓室管家式服務，牢牢黏住品牌與貴客的心。
2. 麗晶一位客人的消費力，就等於一般百貨公司的200位客人。
3. 培養死忠貴婦客群。
4. 引進年輕化品牌專櫃，打造新的成長曲線。
5. 持續打造尊榮感及新鮮感，用獨特的購物體驗留客。

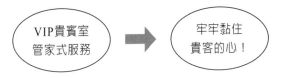

# 57　日本羅森（Lawson）便利商店連鎖店社長　竹增貞信

## 行銷成功金句

1. 便利商店跨界搶客，已是不得不然的求生之道。

2. 做別人沒做過的事，已成為羅森（Lawson）積極挑戰的目標。

3. 便利超商必須高彈性因應，推出讓客人驚訝的商品。

4. 羅森必須勇於挑戰，才有成長機會。

5. 店內手作美味、熱騰騰白飯，成為和其他超商差異化的利器；也讓消費者捨得多花錢，願意多走幾步路到羅森消費。

6. 其實社長我自己都不去7-11了，比起關注競爭者在做什麼，「直視消費者」更重要。要讓人們覺得，真希望這附近也開一家羅森。

7. 社長自己每年巡500家門市，親自了解現場店員需求。

8. 我們必須滿足消費者眞正想要的便利。

9. 要能做到讓消費者覺得"No Lawson, no life."
   （沒有羅森眞不方便。）

# 58 恆隆行代理進口公司董事長 陳政鴻

## 行銷成功金句

1. 2006年獨家代理英國精品家電品牌戴森（Dyson），結果一炮而紅，成為高價、高端家電品牌。

2. 產品：不怕賣貴，就怕沒特色！

3. 挑選進口代理品牌的三要點：一是品牌要有獨特性；二是產品要有研發力；三是與該公司文化契合認同。

4. 充分和消費者傳播溝通，重新定義市場對既有商品價位和價值的想像，藉此創造出新需求，是恆隆行的強項。

5. 過去代理眾多品牌累積了很好的口碑及信任。

6. 在推廣代理產品時，必須在北、中、南舉辦多場次的真實體驗活動，做好體驗行銷。

7. 做行銷要抓到、要能解決消費者的痛點。

8. 價格未必是決勝點，更關鍵的是產品力及行銷力。

9. 百貨公司恆隆行銷售人員必須有足夠的產品專業及服務熱忱。

10. 恆隆行要求24小時維修完成的售後服務。

11. 環境變化快，要鼓勵員工多嘗試，失敗也沒關係。

12. 要持續開發國外好的新品牌進來，隨時做好準備。

13. 每個引進的代理產品，都要慎重評估。引進後，要與消費者溝通、體驗，給三年養成期，要有耐性去創造消費者需求。

14. 很多消費者都指名購買Dyson產品（品牌指名度及信賴度都很高）。

15. Dyson吸塵器年銷量超過30萬台，每年二位數成長，即使在疫情年。

> 定位：
> 高單價、高端、精品級家電代理商！

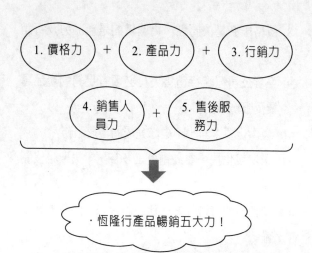

- 恆隆行產品暢銷五大力！

# 59　福特汽車台灣公司行銷處長 林宇涵

## 行銷成功金句

1. 福特汽車品牌年輕化四要訣：

   (1) 致力新款汽車創新。

   (2) 創造多元試駕。

   (3) 搭配節慶行銷。

   (4) 品牌宣傳計劃。

2. 福特汽車消費者輪廓年齡層已顯著下降，品牌活化、年輕化成功。

# 60　P&G台灣及香港前總經理 倪亞傑

## 行銷成功金句

1. 女性掌握消費採購大權，P&G知道，只要抓對女性胃口，大概就成功一半了。

2. 為女性打造產品，是P&GDNA的一部分，我們花非常多時間，傾聽女性的意見。

3. 透過各種市調以及與消費者接觸，以更精準抓住消費者需求。

4. 只要產品夠好，顧客自然就會上門。

5. 產品行銷要因地制宜。

6. 走在市場前端，打造出讓女性生活更好的產品。

# 61　中華電信公司資深協理　常家寶

## 行銷成功金句

1. 品牌slogan：永遠走在最前面，反應出中華電信的品牌精神與品牌主張。
2. 如何提升用戶的品牌忠誠度，成為首要課題。
3. 中華電信想持續保持市場領先者角色，必須將溝通訴求轉向年輕世代。
4. 中華電信4G找金城武代言，5G找五月天代言，均能成功展現。
5. 代言人操作一直是中華電信主要操作手法。
6. 我們有內、外部優質的行銷團隊合作，才能做好行銷工作。
7. 我們邀請意見領袖在FB粉絲專頁上，以貼文、照片、插畫，和粉絲互動，收到很好成果，互動率在4%。

> 如何提升用戶忠誠度
> 成為首要課題！

# 62　美國第一大藥妝連鎖Walgreens 公司執行長　貝莫爾

## 行銷成功金句

1. 我們對顧客的事情，無所不知。

2. Walgreens以產品差異化及行銷服務創新，走出自己的路。

3. Walgreens會從各種角度、立場及消費者情境，用心了解顧客心理。

4. Walgreens不斷創新改革，在服務細節及待客禮節上都領先業界。

5. 我們雖有最先進POS資訊銷售統計系統，但這是事後的結果，更重要的是，必須掌握事前變化的趨勢。

6. 公司高階層每年要巡訪至少1,000家門市店，與店面員工及顧客交換意見。

7. Walgreens的商品及行銷方式，都是因地制宜，而有所差異化。

8. 我們的堅定信念是：對顧客的事，不可不知、不能不知、不應不知。

9. 我們的調適應變力非常快速，因為我們了解不改變即死亡的道理。

10. Walgreens不訴求低價，而是深入了解消費者、全方位掌握顧客所關心的大小事情，贏得他們的心，並建立行銷競爭力。

11. 面對各種可能競爭，我們一路走來，從無畏懼。

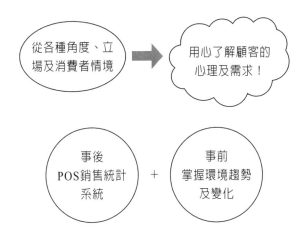

# 63　日本朝日啤酒公司社長　勝木敦志

## 行銷成功金句

1. 做行銷，就是要創造出全新的類別，例如微酒精啤酒。

2. 推出微酒精啤酒的背景，在於消費者需求的變化。

3. 要審視消費者發展與變化狀況，提供多樣化酒類產品。

4. 隨時觀察市場變化而機動調整商品組合（product mix），確保市場業績的提升。

# 64 恆隆行進口代理公司執行副總　曾逸晉

## 行銷成功金句

1. 突如其來的全球疫情,加速並擴大網紅直播團購的蓬勃發展。

2. 恆隆行每個月開直播團購20〜30個,全年已開300多個網紅團購。

3. 找KOL網紅團購,必須真心喜歡恆隆行所代理的商品才行。

4. 要找團隊喜歡且有感覺的KOL才會產生共鳴,而且要先跟他們交朋友。

5. 做團購仍要給這些粉絲們一些優惠,以及限時、限量策略,才會拉高業績。

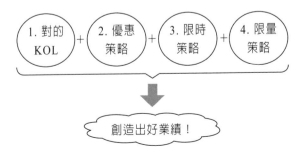

# 65　三花棉業公司董事長　施純溢

## 行銷成功金句

1. 三花棉業品牌早已深植台灣消費者的心。
2. 三花董事長自己拍自家的電視廣告片。
3. 董事長天天試穿自家產品，終於開發出暢銷品。
4. 施董事長是活到老學到老、不斷自我挑戰的人，一直給自己設定新的目標，追求進步。
5. 成立三花生活館連鎖店，強化在消費者心目中的品牌形象。

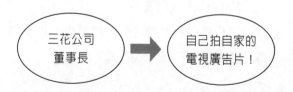

三花公司
董事長 → 自己拍自家的
電視廣告片！

# 66　嬌聯公司總經理　楊國柱

## 行銷成功金句

1. 蘇菲衛生棉成為第一品牌成功的三大要素：
   (1) 優異的商品力。
   (2) 零售賣場支配力。
   (3) 一致且精準的傳遞品牌價值。
2. 產品力絕對是先決條件，它能吸引顧客不斷回購，成為品牌忠實客戶，並形成正向的口碑。
3. 蘇菲的產品都由日本開發，致勝關鍵在於對消費者需求的掌握。
4. HUT（Home Use Test）將新產品留置在消費者家中測試使用，然後再做問卷訪問，以了解哪裡需再改進。
5. 廣告訴求以超熟睡、超安心、超貼身為主軸，以打動女性消費者。
6. 強力製品，滿足消費者需求。
7. 要在高度競爭的市場勝出，產品力絕對是先決條件。

8. 優異的產品能夠吸引顧客不斷回購，成為品牌
忠實用戶，並形成正向口碑，和好姐妹分享。

9. 嬌聯在日本總公司的研發中心，結合專門從事
學術性消費者研究的部門，讓消費者在特別規
劃的空間使用產品，觀察她們實際使用情形，
提供產品的開發、改良方向。

10. 產品在導入台灣之前，嬌聯還會進行消費者留
置測試（HUT, home use test），藉此掌握台灣
在地消費者的需求，提供能帶給她們有價值的
產品。

11. 光有好產品可不夠，蘇菲在零售店頭賣場有一
套好的提案及執行力，方便顧客買到、拿到。

12. 一致性的傳播溝通，足以打造整體品牌形象。
蘇菲的電視廣告，都為消費者傳達超安心、超
貼身的產品特性。

13. 為了找出更精準的品牌理念，嬌聯與廣告代理
商及市調公司合作，對消費者的需求展開長達
一年的深入研究，找出蘇菲的核心顧客。

# 67 統一藥品公司前總經理 張聰本

## 行銷成功金句

1. 經營品牌三大要件：
   (1) 品質做好，這是基本功。
   (2) 聚焦在價值行銷，而不做低價格行銷。
   (3) 要有系統的推廣品牌。
2. 在產品及行銷活動上，要不斷追求創新。
3. 最後，要回歸到這是消費者要的嗎？
4. 品牌要做好，必須要整個內、外團隊的共同合作努力。

# 68　P&G台灣公司前市場總監 蔡長纓

## 行銷成功金句

1. 多品牌策略經營，要守住四項原則：

   (1) 明確品牌想要的目標客群。

   (2) 堅持定位，不會隨便踩線。

   (3) 品牌成長，來自市場滲透。

   (4) 緊盯消費需求變化。

# 69　統一超商整合行銷部前經理 李建昌

## 行銷成功金句

1. 賣咖啡不能只賣商品，還必須賣整個品牌，讓消費者想喝咖啡時，就會想到7-11的City Café。

2. 24小時的現煮咖啡，就在你身邊，成為City Café新定位。

3. 找出桂綸鎂為代言人，並喊出slogan：「整個城市就是我的咖啡館。」這樣的品牌主張。

4. City Café採取平價咖啡策略，每杯在40～50元之間。

# 70 台灣比菲多食品公司董事長 梁家銘

## 行銷成功金句

1. 有效行銷七個步驟：

   第一：找一個市場的洞。也就是消費者尚未被滿足的需求。

   第二：先想一個品牌，讓品牌就是概念。例如，活益比菲多就是要傳達比菲德氏菌很多。

   第三：發展精彩的產品，把概念具體化。從配方、包裝、形狀、規格、材質著手。

   第四：行銷組合緊扣品牌概念。

   第五：有限的資源，有效的傳播。用較低預算，也能收到成效。

   第六：起飛後，用一致性方針續航。

   第七：不斷經營均衡點。評估企業內、外部狀況，持續研究消費者及競爭者，深耕通路、觀察趨勢。

# 71 統一超商公司前總經理 徐重仁

## 行銷成功金句

1. 做行銷，永遠要求新、求變、做價值的延伸。
2. 不斷營造出產品的價值感！
3. 產品好，這還不夠，重點還要讓顧客知道，要做必要的廣告宣傳。
4. 只要有顧客不滿意的地方，就永遠有新商機存在。
5. 今天是庶民經濟的時代，消費者要的是品質好、價格又平價的好商品。
6. 要把產品做出差異化、獨特性，就有市場競爭力。
7. 創新，來自於發掘消費者的內在需求。
8. 我們要不斷的洞悉消費者需要些什麼，並且能快速滿足這些需求。
9. 不管是實體或虛擬，最終都是要服務顧客，目標都是讓消費者覺得方便，這件事不會改變。

10. 融入顧客情境，探尋他們的內在需求，就是一種創新。

11. 後來的經驗告訴我們，消費者自己沒有辦法跟你說他們的需求是什麼。我們要主動去搜尋他們的內在需求。

12. 顧客的不方便就是我們的商機，我們要去了解顧客的不方便是什麼，這可能要花一點時間，而且你要想辦法去執行。

13. 創新是累積起來的，不可能一開始就很成功，即使一開始成功，也還需要很多小成功累積起來才可以持續。

14. 行銷是讓消費者認識你，但是光有外在包裝，沒有內在品質，不是真正創新。

15. 品牌的經營，若只有化妝是沒有用的，內在也要很好；人不會因為外在打扮很漂亮，就會立刻顯現氣質。

16. 質是最重要的，也是最基本的。這個質包含：產品本身好不好，還有整個銷售服務從頭到尾有沒有讓顧客覺得很舒服且愉快。

17. 虛實整合趨勢下，跨業之間的界線愈來愈模

糊，企業的反應要更快。

18. 還是我那句話，滿足顧客的方便性，不管你在做什麼行業，所有的追溯，到最後還是消費者。

19. 經營企業不能讓自己太安逸，要隨時去思考顧客的消費行為變化。

20. 我很少在看同業做什麼，我花很多時間研究顧客都在幹什麼，顧客是最終的裁判者，買不買單是顧客決定，不是自己在那裡空想。

21. 網路internet只是工具，善用工具，但要記得目的是經營顧客價值。

22. 創業者最重要的能力，不是idea，而是聚焦、徹底執行的能力。

23. 我相信很多人都有很不錯的idea，但有idea還是要去試做、去執行；其實經營事業講起來沒有太大學問，就是執行力。

24. 不去做當然不會有結果，要有行動力。

25. 我常說，要融入顧客情境，而不是站在顧客立場，因為後者聽起來還是有點距離。融入顧客的情境就是把自己當成顧客，思考我需要什

麼？我喜歡什麼？有什麼能滿足我？有什麼能
感動我？

26. 我是後知後覺的人，因此必須用功的學習世界
潮流及市場動態。我一年看的雜誌及書籍超過
300本，還有各種網路的資料，加上懂日文，
所以日本的經濟新聞、商業論壇等節目，我看
得更認真。

27. 領導者就是要先給員工他們方向及信心，他們
就會做出成果。

28. 專業可以後天培養，肯學最重要。

29. 一個人只要有熱忱、肯做、肯學，就一定可以
做到。

30. 做生意，先看見顧客的需求。

31. 經營事業不能只局限一種模式，要懂得應變。

32. 從你的顧客需求找機會，評估自己是否有延伸
的核心價值，我相信機會就在身邊。

33. 百年不敗，贏在創新。

34. 與時俱進，才是永續經營之道。

35. 公司要成長，就要持續保有創新的動力，從不
間斷。

36. 只要用心，就能找到能用力的地方。

37. 要能找出真正是消費者需要的，而不只是為改變而改變。

38. 永遠要不斷探索消費者生活中有什麼不方便的。

39. 滿足消費者需求，不是只聽消費者說什麼就給什麼，而是要能融入顧客情境才行。

40. 便利商店的最大競爭者不是同業，而是消費者需求的變化。

41. 沒有最終的答案，但永遠有更好的答案。因此，做好了，還要求更好，永無止境。

42. 經營品牌的首要之務，必須先回到原點，也就是產品品質或提供的服務，能否讓客人安心、信賴；否則如果商品本身不夠好，或是消費者不認同，那麼再怎麼努力經營品牌也是無效。

43. 再來，就是要塑造品牌的image（形象），包括logo、包裝、質感、精神等呈現。

44. 如果能便宜又有質感，消費意願將大增。

45. 我認為經營品牌就像鐵軌一樣，定調之後，就不能隨便彎來彎去。

46. 如果品牌永遠高高在上，就會跟消費者產生距離，關係也會疏遠了。所以，品牌要儘量跟消費者靠在一起，一直在他們身邊。

47. 最終，我追求的是顧客最高的滿意度，能站在顧客的立場，能融入顧客的情境，一切都得歸於創造顧客價值出來。

48. 能讓顧客滿足就能贏得顧客的認同，品牌就能成功！

49. 要想辦法用心去思考，市場還有沒有空隙？像我們的City Café就是找到：要便利、要便宜咖啡的市場空隙。

# 72 日本櫻花水產公司營業部長 佐佐木泰

## 行銷成功金句

1. 就算價格有點貴，但只要能提供相對應的價值，就可以吸引顧客。
2. 企業應將工作重點轉向創造新的需求及新的價值，而不是一味的削減成本，如此，獲利必會增加。
3. 努力創造高附加價值的商品，必可提高獲利。

# 73 SK-II專櫃前業務部協理　羅安成

## 行銷成功金句

1. 我們培訓內容，除了教導產品知識外，還要讓美容師懂得觀察消費者心理，做出相對應的服務。

2. 提供客戶更多產品體驗的機會，帶給消費者更高的價值。

3. 對於忠誠顧客，我們會更努力設想，如何讓他們每次回來櫃上，都能獲得新的滿足。

4. 百貨通路的消費者特別：

   (1) 要求品質。

   (2) 重視獨特服務。

   (3) 期待得到獨家商品。

# 74　國賓大飯店總經理　李昌霖

## 行銷成功金句

1. 要不斷敏感的尋找顧客的需求在哪裡。

2. 開發餐飲新品牌，以吸收年輕客層。

3. 培養與客人間情同家人的感情。

4. 飯店品牌的經營，品質最重要。

5. 每一個細節，沒有一刻可以鬆懈。

# 75　歐可奶茶包創辦人　黃培倫

## 行銷成功金句

1. 你要有策略性節奏給消費者新東西，才不會覺得你的品牌過時無聊。

2. 歐可奶茶包每三個月推出一款新口味，每三年大幅度更換產品。

3. 要保持對市場的敏銳度，每天緊盯銷售數據及購買回饋意見。

4. 新產品可以快快做、快快錯、快快修正。

5. 每年網路廣告費，就砸了1,200萬元，是整年營收的一成以上。

6. 配合促銷送贈品活動，可有效提高業績。

# 76 紫牛行銷大師　賽斯 · 高汀（Seth Godin）

## 行銷成功金句

1. 創業家們，別再找最大的顧客群，而是要找到最小可行受眾，並且專注於爲這群人服務。
2. 行銷人的任務，就是要讓改變發生，沒有改變，就沒有行銷。
3. 專注爲認同你的一群人服務。
4. 把所有資源放在做到更好（better），而不是更多（more）。

# 77　東方線上公司執行長　蔡鴻賢

## 行銷成功金句

1. 過去消費者認為知名度代表品質，但現在社群口碑的聲量，才是他們決定從口袋掏出錢的關鍵依據。

2. 親友口耳相傳或網紅開箱文推薦的品牌，未必具有高知名度，但仍有機會被購買。

3. 不看競爭對手做什麼，專注看消費者的變化，才能真正創新。

# 78　愛康衛生棉創辦人　何雪帆

## 行銷成功金句

1. 愛康的研發，開放粉絲參與，包括瓶身、容量及品質等，都由臉書社團投票決定。
2. 消費者看到愛康網路廣告，下單前，會先訪查口碑，而愛康在社群深耕已久。
3. 因為不擅抄捷徑，所以腳踏實地繞遠路，這是愛康衛生棉前幾年靠產品口碑爆發成長的祕訣。
4. 我從一開始就堅持產品品質，並且不斷改善它。
5. 我只希望把東西做到最好。
6. 我們在電商網購上面，採用會員制，以提高顧客對此產品的忠誠度。

# 79　愛卡拉（iKala）共同創辦人 鄭鎧尹

## 行銷成功金句

1. KOC微網紅被品牌廠商重視且運用的原因是：

   他們的代言效益最佳，且轉換率高，CP值高。

2. 微網紅的優點是：

   (1) 更貼近一般人生活。

   (2) 關係更像朋友。

   (3) 給人眞誠、能信任的感覺。

# 80　貝立德數位中心長　陳柏全

## 行銷成功金句

1. 與年輕族群的緊密連結，是許多品牌經營者青睞KOL及KOC網紅的原因。

2. 找網紅合作，篩選指標有二大類，如下：

| 質化指標 | 量化指標 |
|---|---|
| (1) 網紅的個人風格。<br>(2) 粉絲客群與品牌結合度。<br>(3) 網紅的配合度。 | (1) 粉絲數。<br>(2) 影片觀看數。<br>(3) 互動率。<br>(4) 報價。<br>(5) CP值。 |

# 81　台灣松下（Panasonic）公司
## 董事長　洪裕鈞

## 行銷成功金句

1. Panasonic能夠持續成長的祕訣，就是接近消費者需求。台灣松下的產品研發人員約400人，生活研究部門約20人，專門研究消費生活趨勢。

2. 開設Panasonic廚藝生活體驗館，重視顧客體驗。

3. 台灣松下勇於改變、持續創新。

4. 我們不是賣家電，而是提供消費者生活解決方案。

# 82　P&G台灣公司前資深品牌經理　郭維蓁

## 行銷成功金句

1. 做行銷，必須走入第一線，消費者在哪，你就要在那！
2. 要成為全公司最懂消費者的人。
3. 隨時了解消費者的變化及喜好，是做好品牌的不二法門。
4. 我會從以下三個管道掌握消費趨勢：
   (1) 線上論壇討論。
   (2) 線下賣場購買行為。
   (3) 實際的使用行為。

# 83 華碩公司前產品經理　張建堯

## 行銷成功金句

1. 華碩一直都在持續研究「使用者需求」，並在不同階段針對未來的新需求提出新概念，等到技術成熟後，就會開始推出新產品。

2. 要跳脫開發者的思維，回歸使用者的情境去想。

3. 產品企劃最重要的，是把「使用者的需求」，一直放在心裡。

4. 唯有根據「使用者需求」，在技術上找到最佳解決方案，才是產品企劃最重要的事。

# 84 台灣嬌生公司前總經理　張振亞

## 行銷成功金句

1. 做行銷，必須一切以了解消費者為出發點，包括確認產品目標族群、了解其行為變化，最後才能讓品牌長存消費者心中。

2. 新品牌要進軍市場，必須從了解使用者開始。

3. 了解消費者和市場，產品才能更有效打入消費族群，而嬌生每年也都投資相當大的心力及經營，進行各種市調。

4. 確實了解消費者需求才能順利快速建立品牌，銷售才會立竿見影。

5. 公司品牌最終的價值，就是「信任」，經營品牌就是要「贏得信任」，因為許多消費者購買商品，都是看產品背後的品牌。

6. 想要建立品牌信任感，必須長時間經營。

7. 必須隨時隨地檢視消費者的需求及反應,才能
   維持品牌力。

# 85　85度C行銷公關部副總經理 鐘靜如

## 行銷成功金句

1. 要把品牌做好，你隨時要想，你做出來的事能不能獲得迴響，讓大家認同你、走進你的店裡支持你。

2. 85℃保持「品牌熱度」四方法：

   (1) 通路行銷。

   (2) 媒體廣宣。

   (3) 異業結盟。

   (4) 獲獎事蹟。

# 86 德國Rimowa行李箱總裁 莫爾斯策克

## 行銷成功金句

1. Rimowa不敗關鍵:百年只做一件事。

2. Rimowa喜歡新科技,永遠在發明,永遠在做新嘗試。

3. 我們保持品質第一,營業額及獲利第二的價值觀。

4. 堅持品質至上,且二度成功開發新材料,又有百年累積下來的品牌利基做後盾。

# 87　台灣萊雅公司前總裁　陳敏慧

## 行銷成功金句

1. 品牌永保年輕3個元素：

   (1) 不斷推陳出新的明星產品。

   (2) 掌握瞬息萬變的消費趨勢。

   (3) 永保品牌價值。

2. 如何將上述3個元素落實到行銷上，有5大作法：

   (1) 產品因地制宜，吸引年輕族群。

   (2) 啓用年輕代言人。

   (3) 堅守品牌調性，強化頂級形象。

   (4) 口碑社群行銷，貼近臺灣市場。

   (5) 專注研發創新，打造品牌價值。

3. 行銷最高指導原則：創新＋產品力。

4. 歸納品牌經營4大原則：

   (1) 創新。

   (2) 故事。

   (3) 深入掌握消費者需求。

   (4) 和通路創造雙贏。

5. 旗下任何一個品牌上市新品時,都必須問:

(1) 有沒有更好?

(2) 有沒有不同?

(3) 有沒有新意?

6. 萊雅也深信,品牌最重要的就是「消費者」, 我們每年至少花上千萬元研究消費者的心理層 次,或是直接到消費者家拜訪,了解他們每天 例行的保養化妝步驟。

7. 在巴黎總部,萊雅設有「全球品牌管理團 隊」,最重要任務就是為品牌定調,根據定調 去發展適合在全世界銷售的新品,以及和消費 者溝通的元素。

8. 萊雅有27個全球策略性品牌,就像27個風格獨 具的女性,彼此互補又獨立。

9. 隨時要檢視品牌的強、弱發展狀況。

10. 品牌也會隨著時間老去,必須隨時檢視,想辦 法賦予新生命。

11. 每個品牌有不同定位及個性,所以它們做行銷 的方法都有所不同。

# 88　韓國愛茉莉太平洋集團台灣區總裁　高祥飲

## 行銷成功金句

1. 我們的戰略就是，韓國第一化妝品「雪花秀」與台灣優質百貨公司專櫃結合。

2. 好產品自身就是好的模特兒。

3. 在台灣年輕一代的消費者更理性，傾向在購買前，先上網搜尋素人的評價，社群口碑力量其實不輸給名人代言。

# 89 屈臣氏台灣公司前總經理 安濤

## 行銷成功金句

1. 當不景氣來臨，這類獨賣商品與自有品牌等商品，就能創造出差異化。

2. 屈臣氏每一～二週就有新品上架，提供許多有趣且驚喜的商品，原因是有一組團隊在世界各地到處尋找有趣的商品，然後引進市場。

3. 當今全球最重要的消費趨勢就是「便利」，在於要怎麼做才能讓消費者感到便利。為達此目標，屈臣氏也開小型店。

4. 適時、適地的提供給消費者想要的，才能建立品牌信任感。

5. 我每週還是會安排最後一個工作日到全台各地巡點及觀察競爭對手，並了解各地員工需求或主動與店內消費者聊天。

6. 只有消費者好，我們才有競爭力。

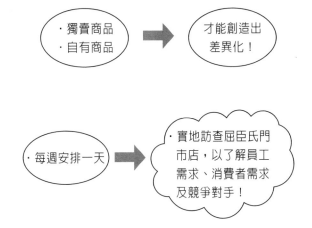

# 90　SEIKO精工錶台灣公司總經理　岡野浩幸

## 行銷成功金句

1. 創立已140年的SEIKO錶，品牌形象從不讓人感到老態龍鍾，原因就在於時時推陳出新，讓消費市場驚豔於SEIKO的活力。

2. 每一家店的展示陳列、人員的服務及專業知識等各項細節，都要做到位，才能展現完整的品牌形象。

3. 未來強化品牌經營的四大重點：

    (1) 持續強化消費者的購買理由，讓價值與品牌形象相輔相成。

    (2) 產品持續升級。

    (3) 持續加強售後服務。

    (4) 持續推出令市場驚豔的新品。

4. 我們總能比別人早一步看到下一步怎麼走。

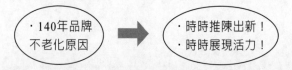

・140年品牌不老化原因　➡　・時時推陳出新！・時時展現活力！

# 91 台灣麥當勞行銷部協理 李俞顯

## 行銷成功金句

1. 麥當勞的市占率為84%，若想持續擴張市場，麥當勞所要做的，便是成為顧客生活中一個有意義的角色，從而使其產生再消費的動力。

2. 做行銷就是要培養出與顧客的長期關係。

3. 照顧好你的客人，業績自然會好起來。

4. 麥當勞的品牌定位即是從顧客視角出發。

5. 麥當勞的經營理念就是QSCV四個字：

    (1) Q：Quality，品質。

    (2) S：Service，服務。

    (3) C：Cleanliness，清潔。

    (4) V：Value，價值。

6. 以顧客為中心的角度非常重要，當你沒有從在地顧客的生活、消費習慣去思考，便無法很快的融入他們。

7. 做行銷必須要有一個明確、清晰的獨特主張

（distinctive proposition）。

8. 一個有共鳴的創意，來自於一個好洞察
　 （insight）。

做行銷 ➡ ・就是要培養出與顧客的長期關係！

# 92　台灣Sony公司行銷總部協理 土肥繁昌

## 行銷成功金句

1. Sony行銷最高指導原則，即是帶給消費者感動。

2. 無論在品牌使命（mission）或是企業願景（vision）上，Sony都是以不斷進步的技術及服務熱情，刺激人們的好奇心，並帶給消費者感動。

3. 感動祕訣有二點：一是made in Japan，日本製；二是高品質。

4. 每年舉辦上百場體驗會，讓消費者透過體驗，直接感受到Sony的真實高品質。

5. 帶給消費者感動，產生深深的、長期的黏著度，這就是Sony的目標。

## 93 中國OPPO手機公司台灣區總經理 何濤安

### 行銷成功金句

1. 我們大量運用代言人策略，形塑品牌知名度及
好感度，包括：田馥甄、蕭敬騰、許光漢等
人。

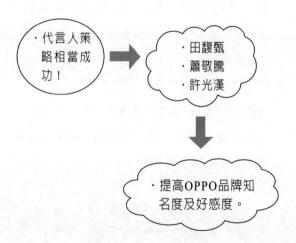

# 94　萬國通路行李箱公司董事長　謝明振

## 行銷成功金句

1. 沒有自己的品牌，就是沒有根。
2. 未來的變化和機會很多，但前提是你要有品牌，才能名正言順走出去。
3. 把品牌當根，通路當腳。

# 95　台灣櫻花公司總經理　林有土

## 行銷成功金句

1. 服務，不僅是顧客關係的維繫，更是成功的品牌策略。

2. 我們就是為了讓消費者每年都記得你，透過長期的服務，把品牌深植到消費者的心。

3. 既然我們是第一名，前無古人，後有追兵，只能加緊腳步往前走。

4. 要消費者記住品牌，就要有一條線一直維繫兩邊的關係。

5. 首先，產品要好，這還是一切的基石。

6. 服務是產品的延伸，也是我們持續關心消費者的方式。

7. 我們總計有64位客服小姐，輪班接聽顧客的電話。

8. 我們年年聆聽消費者意見，做出好產品，支撐品牌力。

9. 我們只有持續增加產品的價值，才能提升定價

及利潤。

10. 服務不管做得多好，產品還是主角，品牌的好壞仍是靠產品支撐。

11. 我們每年會花費200萬元，請市調公司做全國性消費者調查，以了解顧客滿意度及開發新品依據。

12. 消費者的困擾、抱怨意見，往往是很好的創意來源。

13. 廣告量打得不夠大，消費者很快就會忘記你。

14. 將不夠成熟的產品推出去，結果就是破壞品牌。

15. 服務不只是維修，更是提升到品牌的高度經營。

16. 我們的設計師會透過各種方式，掌握世界廚具設計潮流，以滿足不同世代消費者的需求。

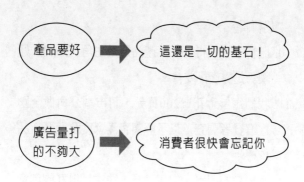

# 96　老協珍公司總經理　陳正威

## 行銷成功金句

1. 我親自赴香港三次，花半年時間，才讓郭富城影帝點頭拍我們的廣告。

2. 廣告腳本裡有一句：「我愛分享，訴說不同人生，人生最美滋味，就是有甘有苦。」這一句話打動了郭富城影帝願拍此支廣告片。

3. 老協珍以最貴佛跳牆，用差異化吸客。

4. 在雞精市場的後進者，必須使用差異化原則，才能勝出。

5. 要賣禁得起考驗的產品，才有回購率。

6. 採用香港巨星郭富城當代言人，三年來，大大提升了我們老協珍的品牌知名度及形象度，也間接對銷售業績帶來很大助益。

# 97　宏佳騰機車公司總經理　鍾杰霖

## 行銷成功金句

1. 找周杰倫代言，一舉打響知名度，搶占消費者心占率。

2. 運用頂尖配件及技術，打造超值產品。

3. 主打超值，是宏佳騰當前最重要的品牌策略。

4. 要讓機車不只是交通工具，而是移動美學。

# 98　軒尼詩洋酒公司行銷企劃部總經理　蘇慶怡

## 行銷成功金句

1. 以精品行銷方式來辦活動，才能提高軒尼詩層次，並與其他酒商做區隔。

2. 我們舉辦大型軒尼詩炫音之樂活動，藉由融合各國文化的音樂，宣傳品牌精神。每場花費都在5,000萬元以上。我們透過網路宣傳，以吸引年輕族群。

# 99 王品餐飲集團品牌部前總監 高端訓

## 行銷成功金句

1. 打造新品牌的四個步驟：

   (1) 價格（price）：先找出價格的空窗帶及切入點。

   (2) 產品（product）：然後找出適合的產品。

   (3) 顧客（customer）：再確立目標客層。

   (4) 品牌化（branding）：進行打造新品牌知名度。

2. 我們透過傾聽，找出未被滿足的需求。

# 100　日本象印電子鍋總公司社長 市川典男

## 行銷成功金句

1. 家電是每天使用的物品,如何提升美味這個基本功能才是勝負關鍵。如果能做到這點,不用削價競爭,消費者也會來購買的。

2. 象印聚焦在顧客滿意度最主要二個條件:一是美味;二是便利。因此,能不花大錢做廣告,就能獲得顧客的心。

3. 我們很少做電視廣告,寧辦試吃,由顧客直接體驗。

# 101 美國Apple蘋果公司董事長庫克

## 行銷成功金句

1. iphone 14能夠提升價格的二個優勢前提是：
   (1) 產品或服務本身要有極高的用戶黏著度。
   (2) 產品具有獨特特殊性。

# 102 如記食品公司總經理　許清溪

1. 用最好的設備跑在最前面，才不會讓別人太快追上來。
2. 穩定品質的供貨量，不論颱風或寒害也不能打折。

# 103 台灣華歌爾公司執行副總 楊文達

## 行銷成功金句

1. 華歌爾之所以能維持屹立不搖的領先地位,是因為它掌握了3C,即:

   (1) change:改變,大環境的變化,帶來了威脅及商機。

   (2) challenge:挑戰,品牌應該規避威脅與抓住機會。

   (3) champion:趨吉避凶之後,爭取成為品牌冠軍第一。

2. 華歌爾旗下有10多個「多品牌策略」經營。

3. 我們以公益回饋社會,提升企業品牌形象,以及成為一家值得信賴的企業。

# 104　台灣菸酒公司前總經理　林讚峰

## 行銷成功金句

1. 台灣啤酒找來歌手張惠妹、蔡依林、伍佰等人代言，同時演唱廣告主題曲，藉此開發新的飲用族群及時機，營造常態性的飲用需求。

2. 我們研發獨特商品，創造品牌差異化。

3. 只要有好產品、好服務、好廣告宣傳，就能轉換成更好的品牌力。

4. 產品必須多元化，讓消費者有更多的選擇。

5. 消費模式改變了，現在消費者購買商品時，價格並不是唯一的考量，反觀品牌能帶給消費者那些價值，才是讓他們決定要不要買的重點。

6. 持續努力推動百年台啤品牌年輕化。

7. 多元化商品，可以擴大消費族群。

8. 優質產品力，必可以創造出好的品牌力出來。

9. 針對市場上消費族群需求，研發出獨特的商品，創造出品牌差異化。

# 105　永豐實公司（紙品、清潔品）總經理　徐志宏

## 行銷成功金句

1. 永豐實公司逆向思考，何不跳脫性價比廝殺，改訴求天然、高價切入。

2. 現在競爭激烈，不像以前一款產品十年不變，我們必須改變。

（註：永豐實公司的品牌，計有：橘子工坊洗衣精以及五月花、得意、柔情衛生紙。）

# 106 台灣百事食品公司行銷總監 劉曉雯

## 行銷成功金句

1. 任可品牌都要精準與清楚的定位才會成功。

2. 要勾勒出鮮明的消費者樣貌。

3. 新口味研發,不斷在口味上推陳出新。

4. 研發背後要有深入的消費者洞察（Consumer Insight）。

5. 要因應環境,快速反應推出新品。（疫情期間,推出日本東京、大阪、北海道、名古屋口味,賣得很好。）

6. 要將消費者的需求,反應到產品研發上。

7. 要用心觀察消費趨勢變化。

8. 運用體驗行銷活動,加強對品牌好感度。

9. 每一篇FB及IG貼文及貼圖,都必須要吸引粉絲目光（耐心只有5秒鐘）。

10. 品牌與消費者的溝通,其實是不斷往上推進的過程,所以需要持續思考:接下來還能多做些

什麼？讓品牌想溝通的這群朋友，覺得我們已經融入他們的生活中。

11. 品牌如果確實做到有感的互動、有意義的連結，這些需達成的指標都能迎刃而解；因為消費者會真心認同且喜歡這個品牌，最終會轉變成購物行為，對品牌的認同感一定會持續提升。

# 107　可口可樂台灣分公司品牌總監　楊鳳儒

## 行銷成功金句

1. 原萃綠茶在產品上市之前，經過測試，有九成以上的試喝者，都認為原萃綠茶勝過其他品牌茶飲料。

2. 好喝，對於市場的後進者來說相當重要。

3. 原萃採用的雲霧工法，不僅是產品好喝的祕訣，更是品牌獨特的標章。

4. 原萃用不同味道，滿足不同消費者。

5. 品牌本身在消費者心中的價值，是否持續上升？要如何讓消費者對原萃產生認同感，更加喜歡這個品牌？

6. 在考慮新事物的前程，無論玩怎樣的創意，都要先思考什麼事情不該做改變，確定好必須持續堅守的原則，才能選擇去做五花八門的事。

7. 在新品牌誕生時，先在公司內部做行銷，更邀請內部來參加新品的品飲與評分，確定大家的信心，才開始往外推廣。

# 108　日本東洋經濟週刊記者報導

## 行銷成功金句

1. 日本長壽暢銷商品的二點共通之處：
   (1) 提供消費者明確的核心利益點（benefit）並獲得消費者肯定。
   (2) 能因應消費者愛好及市場環境的變化，而彈性調整。
2. 品牌老化是行銷致命傷。

# 109　葡萄王生技公司董事長　曾盛麟

## 行銷成功金句

1. 品牌再造三招：新包裝、新產品、新廣告。

# 110　D+AF網路女鞋執行長　張士祺

## 行銷成功金句

1. 把經營資源聚焦在小型市場，小企業也有可能勝過大企業。

2. 唯有放大優勢，做出差異化的策略與佈局，才能讓D+AF在競爭激烈的網路女鞋市場中，不斷成長進步。

（註：D+AF女鞋品牌近年來已在都會區設立實體專賣店，走向虛實融合。）

# 111　遠傳電信公司總經理　井琪

## 行銷成功金句

1. 在競爭激烈市場中，迫使企業思考如何深耕既有顧客，提升忠誠度，並維繫更長遠關係。

2. 我們熟悉的80/20法則，說明企業約有80%的營收及利潤來自20%的客戶。

3. 把更多顧客變為含金量高、樂意被黏住的鐵粉。

4. 提供顧客更具價值的服務，圈下忠誠粉絲，提高服務價值。

5. 無論科技如何演進，打動人心且有溫度的服務無可取代。

6. 努力在客戶體驗旅程上的各個接觸點，與客戶都能產生這樣的信任及情感連結。

# 112　唯品風尚網購集團執行長周品均

## 行銷成功金句

1. 市場走向，才是你最該關注的重點。

2. 你了解你的顧客嗎？知道他們真正想要的是什麼嗎？

3. 顧客才是我們最好的良師。

4. 應該讓自己有時間專注於顧客、市場、產品及服務上。

5. 產品一定要好，這是最基本的。

6. 商品力，才是真正的銷售力。

7. 擁有好的產品，才能吸引消費者眼光，創造第一次消費，進而累積第二次、第三次的回購，也才能有好口碑宣傳。

8. 必須先有清楚的品牌定位，然後才能抓對精準明確目標客群。

9. 一個產品的好壞，絕不是創業者自己說了就算，而是要獲得消費者的認同。

10. 商品力＋行銷力，才是完勝關鍵。

11. 要提前看見機會，並且抓住機會。

12. 應該在快速變遷的世界裡，用公司的核心競爭力，保持隨時應戰及靈活調整的身手。

13. 因應市場變化，而能快速反應，才是成功最重要關鍵。

# 113　錢都火鍋連鎖店副總經理 張美華

## 行銷成功金句

1. 要定期回饋給最死忠的顧客。
2. 經營APP會員三要點：註冊簡單、加入有感、 點數好用。

# 114　珍煮丹手搖飲公司董事長 高永誠

## 行銷成功金句

1. 我們重新定位為職人的品牌。
2. 我們端給消費者的成品，每杯都是用心的。
3. 我們專心做好每一支產品，把珍煮丹的專業很 清楚告訴消費者。
4. 好產品，是品牌最強宣傳。
5. 要努力、用心爭取到顧客對我們品牌的認同。

# 115 10/10〔ten over ten〕進口代理公司創辦人 楊啓良

## 行銷成功金句

1. 小眾品牌絕不能跟賣不好或知名度低劃上等號，關鍵是有無鮮明的價值認同〔value identity〕。

2. 有些小眾品牌有強烈的價值主張，這類品牌受眾群小，但消費者忠誠度極高，也會成爲主顧客。

3. 我只賺合理利潤，但不是暴利，才能贏得消費者的信任。

4. 小眾品牌起步最難之處，在於沒有資源打廣告、做行銷，所以，意見領袖的感染力格外重要。

5. 消費者體驗與專櫃人員互動，是進口小眾品牌的致勝關鍵。

6. 小眾品牌可去找適合的意見領袖，例如KOL網紅、名人等，讓品牌效應擴散。

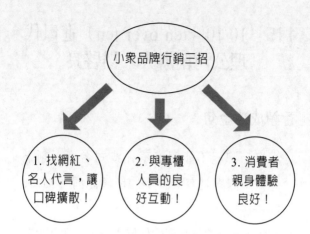

# 116　日本松本清藥妝連鎖總公司社長　塚本厚志

## 行銷成功金句

1. 我們推出自有品牌商品，創造出更高的獲利率。

2. 松本清的「研發力」及「行銷力」都非常卓越。

3. 我們成立自有品牌商品新創點子委員會，把全部一級主管都納入，並且所有員工皆可參加。

# 117 P&G台灣及香港公司公關部 總監 張燕妮

## 行銷成功金句

1. 提供優良品質的產品及服務，僅是基本要求，還要看品牌是否能實踐品牌承諾，並挺身為社會與環境議題發聲，也成為購買行為的驅策因素。

2. 品牌更需要從消費者洞察出發，了解他們的需求與喜好、面臨的困境與挑戰，和關心的社會及環境議題，結合品牌使命與認同的價值去說故事。

3. 打造讓消費者信任的品牌，如果僅是提供超乎預期的產品與服務品質已不足夠，更重要的是，展現讓消費者認同的價值與行動。

# 118　花仙子公司執行長　王佳郁

## 行銷成功金句

1. 花仙子旗下各種品牌，如：克潮靈、驅塵氏、去味大師、潔霜等，均為芳香除臭的前3大品牌，市占率5成以上。

2. 透過中高價位新產品開發，終於開拓新客群，讓品牌年輕化。

3. 有關新產品開發，各部門都要很彈性、很靈活的加入。

4. 花仙子每週的新品會議上，第一線業務人員會將通路反映的銷售數據，提供給產品部門（PM）參考，再依據不同通路商的需求，客製化開發新商品。

5. 我們也代理國外知名廚具、鍋具，打入全聯超市的集點贈商品，拉升業績。

6. 我們對產品品質的堅持，配上平實的價格，深受臺灣主婦們的喜愛。

7. 我們更確信花仙子必須向年輕消費者做出改變。

8. Farcent香水系列推出後，很快獲得消費者好評，每年都爲花仙子帶來不錯的業績收益。

9. 高品質必須搭配高顏值，買回家好用也好看。

10. 以前是重視CP值，但現在商品的高顏值也很重要。

11. 產品就是公司最佳代言人，這是花仙子對我們產品的信念及信心。

12. 產品在社群上要有話題性，讓消費者眼睛爲之一亮。

13. 不管做多少廣告或宣傳，消費者最終會肯定這家公司的，還是在於好產品。

14. 對市場及消費者的趨勢，要非常了解才行。

15. 面對巨變環境中，「速度」與「彈性」都很重要。

16. 花仙子掌握臺灣消費者的需要，善用反應快速的生產線，陸續推出市場叫好又叫座的新品牌產品。

17. 要加速搶得市場的先機，才能增加利潤。

# 119 IKEA北亞區行銷總監 夏啓文

## 行銷成功金句

1. IKEA能讓消費者近悅遠來，深受喜愛的關鍵點，就在於情境式賣場設計。
2. IKEA就是運用視覺、嗅覺、聽覺、味覺及觸覺五感，創造持久與美好印象，建立起消費者對IKEA品牌的深刻印象、好感度及忠誠度。

# 120 域動行銷公司營銷部副總經理　廖詩問

## 行銷成功金句

1. 產品價值始終代表品牌銷售的核心競爭力。

2. 滿足需求＋傳遞價值能力＋精準行銷＝感動消費者。

3. 「產品力」到位之後，接下來即是靠「行銷力」的展現了。

4. 必須清楚了解目標族群，才有辦法精準的與這群TA溝通。

5. 如何讓消費者在有需求時，想起品牌並主動搜尋，便是品牌知名度的意義。

6. 增強顧客對品牌的熟悉度，也是非常關鍵。

# 121 鮮乳坊鮮奶公司創辦人 龔建嘉

## 行銷成功金句

1. 在行銷上面，鮮乳坊沒有選擇砸大錢下廣告，而是持續穩紮穩打的顧好乳源品質，做出產品差異化，讓鮮乳坊的牛奶自己說話。
2. 總歸一句，好的產品，自己會說話。
3. 鮮乳坊的牛奶單價較高，在價格上沒有競爭優勢，但商品的品質及背後要倡議的議題，才是鮮乳坊的價值所在。
4. 全台生乳收購價最高，以照顧乳牛、酪農及消費者為使命。

# 122 乖乖食品公司總經理 廖宇綺

## 行銷成功金句

1. 乖乖引進世界各地好的原料與台灣當地食材做結合，推出許多在地化品項或新口味開發。

2. 乖乖與很多異業合作，推出聯名商品。

3. 乖乖除了在口味上求新求變外，就連包裝也能因應人、事、時、地、物而做出改變。

4. 在產品上，乖乖仍會堅持做出好品質，並且不斷研發新口味，讓產品更多元化，也吃得安心的品牌。

5. 希望把乖乖的IP發揚光大，塑造如同華人的Hello Kitty。

# 123　頂呱呱速食公司前行銷部主管　劉人豪

## 行銷成功金句

1. 未來是年輕人的時代，我們要在各方面都不斷的年輕化，才有未來。

2. 頂呱呱46年來，從未做過電視廣告，都是藉由與媒體、各大企業活動合作，而換取高度曝光。

3. 目前頂呱呱一個月會有將近約300則媒體報導，其曝光度、聲量等，也較過去來得高，顯示這樣的行銷方式也確實有效。

# 124　台灣櫻花廚具公司品牌總監鄧淑貞

## 行銷成功金句

1. 在都會區，台灣櫻花目前最大的銷售通路，就是在百貨公司。

2. 櫻花公司內每一位產品經理與通路經理，每年都必須完成25位消費者的深入訪談資料。也會派專人到消費者家中，實地觀察消費者使用產品狀況。

# 125　富發製鞋公司總經理　呂紹楠

## 行銷成功金句

1. 富發牌製鞋堅持好料、好穿、好平價。
2. 主打台灣製造的國民鞋品牌，因款式多樣、價格親民，而深受消費者喜愛。
3. 好的產品，自己會說話。

# 126　遠東SOGO百貨公司董事長　黃晴雯

## 行銷成功金句

1. 感動，才能歷久彌新。

2. 傳統行銷思維講究市占率，現代服務業則專注心占率。

3. 不但銷售商品，更著重體驗行銷與感動服務。

4. 我們用「心」服務，消費者用「心」體驗，唯有感動，才能歷久彌新。

5. 全體員工必須從心態上去改變、去革新，才能因應未來更大的環境巨變及挑戰。

6. SOGO百貨透過每年持續性的裝潢升級及專櫃改裝，引進更符合顧客需求的產品專櫃及餐飲專區，業績才能保持不斷成長。

7. 深耕我們的主顧客是我們每天努力的重點核心，因為，主顧客貢獻了我們每年總營收額的80%之高。

8. 承攬台北大巨蛋場館（3.6萬坪），是我們SOGO百貨未來五年再成長的重要里程碑。

# **127**　台北Bellavita貴婦百貨公司總經理　梁佳敏

## 行銷成功金句

1. 最核心200位客戶，占23%營收業績。
2. 頂級客戶在意的不是折扣，而是尊榮感、尊寵感。
3. 200位牡丹會會員，平均每人1,000萬元以上消費額。
4. 靠神祕貴客檔案夾，深化貴客服務。

# 128　華泰OUTLET名品城總經理梁曙凡

## 行銷成功金句

1. 掌握精品生態，加上展現經營誠意、建立彼此信任關係，愈來愈多品牌願意進駐。

2. 華泰名品城堅持像國外outlet一樣，以販售過季品為主，折扣最低二折起。

3. 華泰鎖定正統outlet，主打最齊全精品的路線，建立出區隔性，這種模式確實難以複製。

# 129 和泰汽車公司（TOYOTA）總經理　蘇純興

## 行銷成功金句

1. 服務，才是汽車事業的根本，Lexus回歸服務的基本功，推動「感動服務」工程，希望透過帶給令人驚喜與感動的差異化服務，創造顧客一再回流的意願。

2. 要有好的CS（Customer Satisfaction，顧客滿意度），就必須要先有好的ES（Employee Satisfaction，員工滿意度）。

3. Lexus的獨立展示中心刻意跟TOYOTA分開，顯示這是一個獨立品牌，形塑它的堅強品牌形象。

4. 我們以最佳顧客滿意度為主力訴求及切入市場焦點。要堅持消費者第一重要。

5. Lexus是每位用戶好的口碑行銷打造出來的。

（註：和泰汽車所代理的TOYOTA國產車系列，已成為國內一般乘用車的第一名市占率；

而其代理的Lexus已成為國內進口豪華車的第一名市占率；另外，它所代理的輕型商用車TOWN-ACE，也成為國內商用車第一名市占率。合計，和泰汽車的國內市占率高達33%之高。）

# 130 台灣森永食品公司副總特助 黃瑞祥

## 行銷成功金句

1. 商品要不斷推陳出新，才能活下去。

2. 但同時，市場競爭激烈，新品愈來愈難存活。

3. 眾所皆知，產品的壽命愈短，成本就愈難回收，因為新產品前期上架成本最為昂貴。

4. 森永與麥當勞聯名推出「森永牛奶糖冰炫風」，是麥當勞有史以來，賣得最好的冰品。

# 131　恆隆行代理進口公司Dyson 事業處處長　董家彰

## 行銷成功金句

1. 精品家電累積信任第一招，是產品力。

2. 台灣消費者不怕買貴的商品，但商品要真的具有獨特功能，有讓人想要買的感覺。

3. Dyson的核心精神，是用科技幫消費者解決生活問題，也因此品牌力與產品力，就與其他競爭品牌有了區隔。

4. 與其說恆隆行在賣Dyson吸塵器，不如說更像在賣一個不斷推陳出新的科技商品。

5. 品牌端的強大研發力，讓台灣消費者可以持續接觸更新商品，有更好的體驗。

6. 我們從頭到尾都非常專業，讓消費者對我們品牌一定更信任。

7. 這麼高的價格帶，不是只賣這商品，最重要的精神，是要有好服務。

8. 恆隆行有線上客服、到府人員及維修人員等近

百人服務團隊協助消費者。

9. 你說我們賣商品，我們更覺得賣的是服務，有好服務，顧客才會對你更信任。

10. 長期經營品牌要有信任，一定要有好口碑，消費者知道買了之後，無後顧之憂。

11. 消費者信任Dyson，也信任恆隆行，這才會長遠。

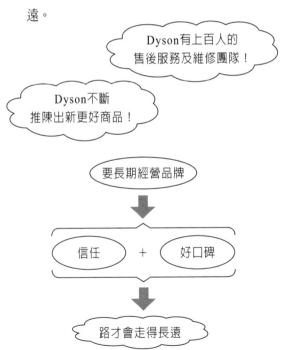

# 132　吉康食品公司行銷經理　周書如

## 行銷成功金句

1. 消費者想法太難抓，如果埋著頭開發產品，更浪費研發成本，所以我們培養一群忠誠的試用大隊，加快研發流程。

2. 所以，每次有新樣品推出，上網公告後，很快就能集結「百人試用媽媽團」，我們在產品研發時，就讓她們收到樣品，回饋建議，找出使用痛點。

# 133　NET服飾公司董事長　黃文貞

## 行銷成功金句

1. 款式要夠多，價格要平價。

2. 我們很清楚自己的TA（目標客群）的需求，就是重視高CP值、喜歡款式多元。

3. 我們不下任何廣告，堅持我們的東西CP值高，大家摸到看到，自然就喜歡。

4. 公司確立了「關小店，開大店」的策略，大型店雖乍看成本較高，但坪效與業績都明顯更好。

# 134　台灣三星公司品牌行銷處長 劉姿瓅

## 行銷成功金句

1. Z世代的消費者重視體驗、口碑與CP值。

2. 三星藉由跨領域KOL網紅溝通，以及粉絲共創 之活動，成功為品牌在社群上創造話題，在IG 活動標記之貼文共達776則。

3. 必須在有限的預算下，創造最大的效益，每次 新產品的推出，同時要彰顯出三星創新科技及 不斷求新求變的新精神與品牌承諾。

4. 在每次準備產品宣傳主軸時，也都不會背離三星： 「Do what you can't，挑戰你所不能」的品牌精 神，維持一致訴求與調性，來內化品牌概念， 同時轉換成對目標族群有感的溝通訊息。

創新科技 ＋ 求新求變精神 ＋ 品牌承諾

爭取TA的認同與好感！

# 135 軒郁面膜公司總經理 楊尚軒

## 行銷成功金句

1. 找明星代言，加深品牌印象。

2. 暢銷關鍵仍須回歸商品力。

3. 用數據洞察顧客真正需求，找到產品利基點。

# 136　愛之味公司行銷企劃本部總監　胡淑媚

## 行銷成功金句

1. 廣告是為了解決市場上的問題，所以必須先知道問題在哪裡。

2. 分解茶試圖從品牌定位、產品訴求，一路到行銷廣宣，都是以讓消費者有感為思考，才能讓分解茶穩占市場。

3. 年輕化對一個經典品牌來說，是必須面對的課題。

4. 儘管數位媒體如何發展，電視廣告為品牌、產品所帶進的聲量，是最普遍，我們也不會放棄。

5. 透過網紅與年輕消費族群對話，借力使力的傳遞產品特色。

6. 年輕化是品牌持續向前、不衰退的關鍵。

# 137　家樂福公司企業社會責任暨溝通總監　蘇小眞

## 行銷成功金句

1. 未來不是通路品牌的世界，而是消費者的世界。
2. 誰是家樂福的競爭者？其實就是消費者及自己。
3. 不斷與自己比較，找到消費者的需求，才能開創自身的特色。
4. 需不斷優化購物體驗，持續讓自己成為消費者的品牌選項。
5. 競爭是動態的，並非靜止不變，需要時時洞察與應變。
6. 家樂福有1.2萬名員工，因為所有人的努力，才能一起讓改變發生，而成就目前的成果。

# 138　台灣麥當勞品牌暨整合行銷傳播副總裁　李意雯

## 行銷成功金句

1. 品牌,經營社群非常重要。

2. 運用社群力量,將品牌正面聲量放到最大。

3. 麥當勞旗下有五個自媒體,包括:麥當勞官方粉絲團、麥麥童樂會、麥當勞叔叔之家、官方IG、麥當勞鬧鐘APP。

4. 在社群媒體上品牌一定要說故事,不能只放產品及促銷訊息。

5. 每天要注意及應對社群聆聽(social listening)。

# 139　台灣賓士汽車公司前總裁
## 邁爾肯

## 行銷成功金句

1. 銷售不是一切，服務更重要。
2. 決定買車只要幾天，但售後服務是幾十年的責任。
3. 在地現場服務最重要。
4. 因爲每次服務都是重新抓住顧客心的機會。

# 140  漢來美食公司總經理　林淑婷

## 行銷成功金句

1. 我們的CP值高，提供五星級的食物、廚藝及裝潢，但又低於五星級飯店的價格。
2. 高貴不貴的關鍵，來自於集團的採購力。
3. 漢來海港自助餐用菜色多變，網住顧客的胃；二到三成菜色隨季節變動，也定期邀請世界名廚擔任客座廚師，創造變化。
4. 這讓顧客花同樣的錢，吃到不同東西。

# 141　克萊亞專櫃服飾公司總經理 林志杰

## 行銷成功金句

1. 我們是一個擁有死忠顧客的專櫃服飾品牌。
2. 我每天早上九點進辦公室，十點半前一定讀完所有店面及專櫃的報表，依銷售狀況調整商品及決定追加數量。
3. 要做出品牌，就要對每一位顧客花工夫經營。
4. 我們每年在高級大飯店辦VIP貴客大型活動招待會，以鞏固住VIP顧客。

# 142 台灣P&G公司前品牌經理 粘瑩芝

## 行銷成功金句

1. 我們一直沒有忘記聆聽市場，我們一直隨著消費者的腳步而調整，以最貼近顧客的語言，傳遞品牌價值。

2. 做廣告，不僅要從產品功能打動消費者，更要從情感面打動他們。

3. 長銷品牌永久的課題，保持年輕感，擴大新客源。

4. 對於一個長銷品牌，如何持續活化品牌，是一個重要經營課題。

5. 要不斷思考，還可以怎麼做、怎麼說，才可以和新的顧客接上軌道，讓品牌真正進到消費者的心裡，成為忠誠的顧客。

# 143　義美食品公司總經理　高志明

## 行銷成功金句

1. 誠信,帶來社會形象,也創造更高的品牌溢價。

2. 做食品業的,要經得起檢驗。

3. 消費者對義美的信任,來自於義美的自律。

4. 義美的食品研究室,有30多位檢驗人員,每年的人事及器材維護費用超過1億元。

## 144　全聯超市公司行銷部協理
劉鴻徵

### 行銷成功金句

1. 品牌行銷若要引起老、中、青三代的共鳴,其中,產品的核心利益點,必須與社會氛圍吻合,協助消費者解決生活上的問題點。
2. 便宜＋便利,市場就會變大。
3. 我們不是跟同業競爭,而是跟消費者的life style（生活型態）在競爭。

## 145　寵愛之名面膜公司創辦人
吳蓓薇

### 行銷成功金句

1. 發現市場變化,打對牌,就有好戰果。
2. 我們有雙品牌面膜,一個攻金字塔頂端,另一個則主打平價大眾市場。

# 146 台灣妮維雅保養品公司品牌經理　劉朴恒

## 行銷成功金句

1. 要時刻思考如何持續強化品牌與消費者的關聯性及連結性？

2. 透過消費者洞察（consumer insight）才能賦予產品及行銷活動更多的WOW。

3. 其實社群平台PTT及Dcard是洞察年輕世代的集散地，可以在上面看見最真實反應，提供給所有行銷人參考。

4. 顧客真正購買的不是商品，而是解決問題的辦法。

# 147 日本大金冷氣總公司社長 十河政則

## 行銷成功金句

1. 大金是全球第一名的空調公司，它的成功關鍵在於研發及創新。

2. 要挑戰創新，當一個不怕失敗的創新者。

3. 大金的日本研發中心，可以開發出世界第一的技術及差異化商品，創造新的價值。

# 148　桂冠公司前董事長　林正明

## 行銷成功金句

1. 產品力是品牌的根本。
2. 桂冠除了賣產品，更重要的是賣家的價值認同感，創造目標族群的心理價值。
3. 桂冠在產品生產策略上，要以消費者為使用中心，思考Why? How? What?
4. 經營事業及做行銷，都必須與時俱進才行。
5. 第一名不能世襲，必須要時時努力、爭取，才能維持。
6. 堅持用好原料，才能做出好產品的信念。

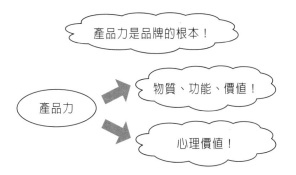

# 149　日本無印良品總公司董事長 金井政明

## 行銷成功金句

1. 用有理由的便宜，黏住10%小眾。

2. 10個人之中，只要有一個人喜歡就夠了。無印良品追求的是消費者心占率。

3. 一個商品好用，客人就會買其他商品。

4. 建立無印良品生態圈，更深入客戶口袋。

5. 無印良品每年都會從五萬個顧客意見中，不斷修改商品，為的是更符合顧客需要，使其非掏錢不可。

6. 業績放第二，顧客永遠擺在第一。

# 150　國強面膜公司董事長　張家福

## 行銷成功金句

1. 只有技術，沒有品牌，會被別人整碗捧去。

2. 做品牌的毛利，可是代工（OEM）的10倍之高。

3. 以前我說破嘴，講技術多好多好，都沒人信，現在都不用說，產品包裝印上歐洲面膜得獎，客人就買單了。

# 151 王品餐飲集團品牌部總監 林國威

## 行銷成功金句

1. 王品採取的是多品牌、多價位策略。

2. 王品開創一個新品牌的17個字箴言：

   (1) 客觀化定位。

   (2) 差異化優越性。

   (3) 焦點深耕。

3. 找出區隔市場，形成差異，還要更優越。

# 152 亞尼克菓子工房董事長　吳宗恩

## 行銷成功金句

1. 唯有產品定位對了，持續深耕你最擅長的領域，品牌才會真正被顧客記住。
2. 建立品牌知名度的良方：專注本業、不斷精進。
3. 塑造新鮮、平價、CP值高的形象。
4. 能專心把一件事做好的人，是最可敬的對手。

# 153 高雄漢神巨蛋百貨公司日籍店長　南野雄介

## 行銷成功金句

1. 百貨公司地點位置當然很重要，但我覺得更關鍵的是，我們一直努力在upgrade（升級）。

2. 維持好服務與好商品已經不夠了，百貨公司必須讓自己不斷升級，才能消除和顧客之間的gap（差距、鴻溝）。

3. 我最常和大家說的話就是：「速度、速度、速度」以及「數字、數字、數字」。

4. 我們決策速度為何這麼快？祕訣無它，就是極度扁平化的組織。

5. 數字，就是消費者的聲音；看懂，才能有效的進行賣場盤點，把有限資源放到正確的地方。

速度　＋　數字

抓住二大經營重心！

# 154　「深夜裡的法國」手工甜點店長　劉啓任

## 行銷成功金句

1. 打造客製化服務，讓消費者有良好的購物體驗，是最高原則。

2. 鞏固舊粉絲，遠比引進新客人更重要。

# 155　金色三麥公司執行長　葉冠廷

## 行銷成功金句

1. 我們敢做別人不敢做的事，當有五成把握就要衝，不然timing（時間點）就不對了。

2. 陸續結合在地食材，研發蜂蜜、九層塔等有別於市場的差異化口味。

3. 我們早期的餐廳沒有做很好，但一直進步，能生存的條件，就是不斷檢視自己。

# 156 城邦出版集團首席執行長 何飛鵬

## 行銷成功金句

1. 為了徹底掌握每一個單位的營運表現，我必須下非常多功夫。

2. 我終於了解如何用數字做管理，數字變成我經營上最有效的利器。

3. 總之，記住公司每一個關鍵數字。

# 157 阿聯酋航空公司執行副總裁 安蒂諾里

## 行銷成功金句

1. 對硬體與服務，要有魄力的投資。

2. 阿聯酋航空在消費者心目中的CP值很高，消費者會感到很豪華。

3. 我們更仔細了解顧客需求及期待，透過產品與服務創新，我們儘可能提供最好的服務。

# 158 全家便利商店鮮食部長　黃正田

## 行銷成功金句

1. 結合市場趨勢與需求，打造差異化商品。

2. 要避開與既有商品重疊的市場，全家必須做出差異化。

3. 鮮食部的挑戰，在於不斷推出新品的同時，還要保持品質穩定，才能滿足形形色色的消費者。

4. 全家鮮食商品開發七步驟：

   (1) 商品概念形成。

   (2) 提出商品企劃書。

   (3) 開發商品樣品。

   (4) 內部提案討論。

   (5) 生產程序標準化。

   (6) 檢驗商品穩定度。

   (7) 新品上市銷售。

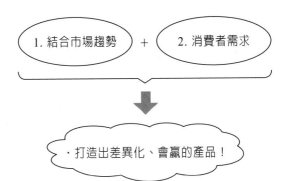

# 159 統一企業茶飲料事業部前品牌經理 葉哲斌

## 行銷成功金句

1. 常青、長銷商品的四條守則：
   (1) 產品要與時俱進，才能歷久彌新。
   (2) 產品有些地方必須變化，但有些地方不能改變。
   (3) 定位、風格不能改變。
   (4) 產品口味、包裝、廣告宣傳、製造話題，都可以適時改變。

2. 做廣告宣傳，就是與消費者的一種溝通，提醒消費者，我（品牌）還在這裡，我還在你的身邊。所以，廣宣要持續做下去，避免消費者忘了我們的存在。

> 長青商品一定要與時俱進，才能歷久彌新！

# 160 日本索尼（SONY）總公司董事長　平井一夫

## 行銷成功金句

1. 轉型朝向「高附加價值」的「高價商品」路線。
2. 我們不追求規模，而是轉向高獲利。
3. 提升商品力，成為我們首要挑戰。

# 161　統一企業中國控股公司總經理　侯榮隆

## 行銷成功金句

1. 低價割喉戰再見！鎖定中國三億富人，打價值戰！
2. 朝價值型產品轉型，才有贏的機會。
3. 獲利能力更重要。
4. 今年事業經營，關鍵指標改為：利潤第一、毛利第二、營業額第三。
5. 新品開發應交給年輕團隊來負責。

# 162 大輔貿易公司總經理 陳炯瑞

## 行銷成功金句

1. 要就做最好的、最貴的品牌，要做尖端20%的市場，不要做80%大眾市場。
2. 要挑有特色的產品，才是突圍的王道。
3. 賣極高價產品，就是必須讓客人體驗產品的好。因此，體驗行銷很重要。

極高價是賣給
尖端20%的市場，
不要做80%的市場！

賣高價商品 ➡ 體驗行銷
很重要！

# 163 影響力學院創辦人 丁菱娟

## 行銷成功金句

1. 在品牌的領域裡,越能夠跟別人做出差異化,就越有競爭力,這是品牌的定律,因為在一片產品紅海的廝殺中,你做得出來的,可能別人也做得出來;若你不能跳脫Me too,說出你跟別人的不同,就無法被人記住,那就不要談品牌。

2. 因為在科技發達的現代,商品的差異化已經愈來愈小,尤其是日常消費品,大多內容配方都差不多,所以在產品大同小異的今天,你必須在其他軟實力的地方也要做出差異化;例如,理念、價值觀、視覺、風格、設計、包裝等,才能脫穎而出。

3. 因為有一件事,你做得比別人棒,那個差異化就出現了。

4. 當差異化出現的時候,就是你獨一無二的競爭力,你有差異化,這就是你的市場價值。

5. 放大差異化,就是競爭力。

# 164　台灣屈臣氏前總經理　艾克許

## 行銷成功金句

1. 當然，顧客的滿意度，永遠會是零售業的根本。

2. 在未來，我們計劃透過不斷的創新，繼續領先市場。

3. 在屈臣氏內部，也有專門負責創新開發的部門，我認為創新開發，將是一個企業能夠長存的重要條件。

4. 人才，永遠是第一；不只要找對人，更要鼓舞、激勵、引導人才做對的事。

5. 要建立以顧客為核心的明確目標及管理原則。

6. 在各種會議上，我會常問：這會為顧客帶來什麼？能滿足他們的需求嗎？

創新 ＋ 開發 → 企業長存的條件

# 165 Garmin公司業務及行銷協理 林孟垣

## 行銷成功金句

1. 我們培育多條產品線，現在有豐碩果實可以吃，那是十年前種下的因。
2. 我們不會滿足於現在的成果。
3. 我們一直都有很多條線在佈局。
4. 我們的資源配置會思考現在、未來、更未來的面向。

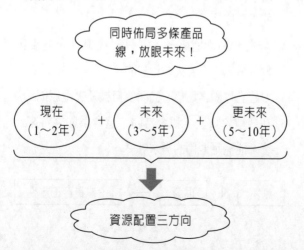

# 166 歐洲品牌行銷之父 夏代爾

## 行銷成功金句

1. 好的行銷，要說到客戶的心坎裡。

2. 要先下定決心，知道你是誰？你想變成誰？未來想變成誰？接著設定溝通的管道及策略，如果溝通不夠，就會有問題。

3. 品牌之路，就是：跟顧客溝通、溝通、再溝通。

4. 每天要傳遞訊息，維持品牌熱度。

5. 廣告也是一個溝通方法，你不可以停止廣告，想要成功，必須每天廣告你的產品和品牌，一旦停止，你的品牌就會走向衰退與滅亡。

6. 你必須清楚誰是你的主要消費族群，並要隨時精確的掌握消費者內心的想法，知道他們要什麼。

7. 隨時要有新的創意及想法，但要對品牌最初的基本價值忠心耿耿，然後要讓消費者不斷有夢想。

8. 想要行銷一個品牌、一個產品,要投入非常多的資金。

9. 品牌要努力用心經營與顧客間的長期、友好、密切的關係。

10. 經營品牌是長期的旅程,要投入非常多、非常久的時間。

# 167 奧美廣告副董事長兼策略長 葉明桂

## 行銷成功金句

1. 品牌成功元素有二：
   (1) 動人的主張。
   (2) 感性的訴求。
2. 做品牌，就是為了賺錢，而且是賺比較多的錢，也就是學理上的溢價。
3. 品牌的風格及精神，要保持一致性，不能變來變去，否則消費者會混淆。

# 168 陽獅廣告公司前總經理　梁曙娟

## 行銷成功金句

1. 做品牌，產品差異化是最重要的關鍵。

2. 做品牌的四大密技：

    (1) 確定你的產品或服務，是有差異性的。

    (2) 在市場上找出一個清楚的定位，包括：訴求的目標對象，以及他們心裡的需求及滿足點。

    (3) 是否把錢花在最有效的行銷工具。

    (4) 用社群及口碑的力量，把產品的好、有創意的訴求，有用的資訊用力擴散出去。

3. 品牌真理有二個：

    (1) 傾聽消費者聲音。

    (2) 創新、創新、再創新。

4. 用心傾聽消費者的聲音，永遠都是品牌操作的首要之務。

5. 不必太在意你的競爭對手做什麼，而是要挖空

心思去了解消費者真正要的是什麼？

6. 唯有創新，才能領先。

7. 要防止品牌老化，增加品牌活力。

8. 提升品牌力的必要條件，就是創新。

# 169　日本湖池屋食品總公司社長 佐藤章

## 行銷成功金句

1. 湖池屋逆轉勝的關鍵，就是推升商品附加價值的premium（豪華化）戰略。
2. 湖池屋透過市場調查及社群網站持續傾聽消費者聲音。
3. 針對所有商品品牌，湖池屋每三個月就會進行一次消費者調查，分析商品認知度、喜愛程度、食用頻率等變化。
4. 我們有時候用朝令夕改速度來執行。
5. 傾聽消費者聲音，不斷改善產品及服務。

# 170　德國博世（BOSCH）家電公司台灣區前總經理　范斯

## 行銷成功金句

1. 寧願失去利潤，也不能失去顧客。

2. 品牌價值：永續、信任、品質、創新。

3. 頂級工藝、創新科技的德國商品，主攻中高檔消費群。

4. 重研發、求創新，提供高效節能產品。

5. 蓋體驗館，拉近顧客與頂級產品的距離。

6. 品牌要永續，如何維繫好與顧客間的長期信賴感，更是關鍵。

7. 高檔價值要買得到不只是頂級的產品，更要有頂級的服務。

永續 ＋ 信任 ＋ 品質 ＋ 創新

品牌價值！

# 171 特力屋居家館前執行長 童至祥

## 行銷成功金句

1. 不景氣最重要的就是：商品有沒有差異化。
2. 如果產品不具獨特性，那麼獲利及成長空間都將縮減。
3. 差異化的來源，就是自有品牌的開發。
4. 持續創造價值，才能保持領先。
5. 不能盲目成長，一定要創造價值給客人。
6. 經營品牌最重要的就是掌握品牌精神。
7. 我們不能只待在自己的舒適圈，否則哪天對手出其不意殺出來，我們就會喪失競爭力。

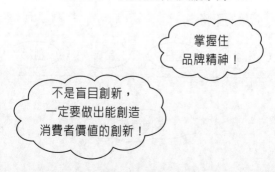

掌握住品牌精神！

不是盲目創新，一定要做出能創造消費者價值的創新！

# 172 台北SOGO百貨營運本部總經理 汪郭鼎松

## 行銷成功金句

1. SOGO百貨業績保持不錯，與每館定位清楚、精準的品牌選擇策略，以及建立緊密的消費者互動有關。

2. 坪效是我們最重要的衡量指標，只要今年不達標，下年合約期滿，品牌就有可能從櫃點消失。

3. 找到消費者想要的商品，不斷刺激消費，成為最重要的事。調整商品比重的速度不能慢、只能快，至少比別人早二年。

4. SOGO週年慶成功的二個關鍵優勢，一是廠商支持度，二是顧客忠誠度。

5. 來自SOGO培養了一群能創造70～80%業績的主顧客，他們一定會在週年慶報到。

6. 百貨公司定位很重要，找到自己定位之後，才知道要引進哪些符合自身定位的櫃位及鎖定哪些客層。

# 173　美商愛德曼公關公司總監 葉佳佳

## 行銷成功金句

1. 消費者須先「信任」品牌，才會購買商品，信任與品質、高CP值並駕齊驅。
2. 信任對品牌未來的成功至關重要，如何有效建立消費者信任感，已成企業重要戰略議題。
3. 消費者期待企業不只是營收及獲利，而是要對社會及公益有所貢獻。

# 174 台灣松下（Panasonic）總公司總經理　林淵傳

## 行銷成功金句

1. Panasonic產品線齊全，可滿足一屋需求。
2. 能持續成長的祕訣，就是接近消費者需求。
3. 設立生活研究部門約20人，研究消費生活趨勢。
4. 我們不是賣家電，而是提供消費者生活解決方案。
5. 重視顧客體驗、持續創新。
6. 台灣松下在台60週年的電視廣告slogan：「創造更美好生活」。投入1億元電視廣告費，塑造台灣Panasonic第一名家電品牌的優良企業形象。

# 175 台灣偉門智威管理公司合夥人　張玫

## 行銷成功金句

1. 據調查，打造良好體驗，將促使顧客增加2.7倍的消費金額。

2. 顧客體驗的五大面向指標為：

   (1) 產品設計體驗。

   (2) 服務設計體驗。

   (3) 銷售、購物體驗。

   (4) 客戶關係管理（CRM）體驗。

   (5) 品牌體驗。

打造良好體驗 → 將使顧客增加2.7倍的消費金額！

掌中書 017

# 175 位行銷經理人成功智慧金句

編　　　著 —— 戴國良

發 行 人 —— 楊榮川

總 經 理 —— 楊士清

總 編 輯 —— 楊秀麗

叢 書 企 畫 —— 蘇美嬌

本 書 主 編 —— 侯家嵐

文 字 校 對 —— 葉瓊瑄

封 面 設 計 —— 姚孝慈

出 版 者 —— 五南圖書出版股份有限公司

地　　　址 —— 台北市大安區 106 和平東路二段 339 號 4 樓

電　　　話 —— 02-27055066（代表號）

傳　　　眞 —— 02-27066100

劃撥帳號 —— 01068953

戶　　　名 —— 五南圖書出版股份有限公司

網　　　址 —— https://www.wunan.com.tw

電子郵件 —— wunan@wunan.com.tw

法 律 顧 問 —— 林勝安律師

出 版 日 期 —— 2023 年 7 月初版一刷

定　　　價 —— 300 元

**國家圖書館出版品預行編目資料**

175 位行銷經理人成功智慧金句 / 戴國良編著 . -- 初版 -- 臺
　北市：五南圖書出版股份有限公司，2023.07
　　面；　公分
　　ISBN 978-626-366-192-9（平裝）

1.CST: 行銷學　2.CST: 人物志　3.CST: 職場成功法

496　　　　　　　　　　　　　　　　　　112008987